주민의 행복을 위한

KB202061

스마트빌리지와
스마트경로당

머 리 말

최근 한국 농촌 마을은 인구유출과 고령화로 과소화·공동화 문제가 심화되고 있다. 농촌 마을의 인구유출과 고령화는 마을 단위에서 이루어지던 주민공동체의 기능을 저하시킴으로써 농촌의 지역 경쟁력을 약화시킨다. 더욱이 공동체의 기능 저하는 사회서비스 수요를 감소시켜 정주권을 붕괴시키고, 농촌 지역의 삶의 질을 낮추어 국가 경쟁력을 저하시키는 악순환을 유발하고 있다.

현재, 우리나라는 4차 산업혁명 기반의 ICT기술 개발이 U-City, 스마트시티 등과 같이 도시에 집중됨으로써 도·농간 삶의 질의 격차가 더욱 늘어났다. 이러한 문제를 해결하고 농촌주민의 삶의 만족도를 높이기 위하여 정부는 스마트빌리지 사업을 추진하자 있다.

2019년부터 스마트빌리지는 지속 가능한 농촌 마을을 만들기 위해 기존의 농촌 인프라에 정보통신을 활용해 효율성을 극대화하여 인구감소에 따른 농촌문제를 극복하는 새로운 농촌 발전 방안으로 주목받고 있다. 또한, 스마트빌리지의 기술은 낮은 집적도와 높은 인건비로 경쟁력이 부족한 농촌 지역의 생활서비스를 향상시키고, 이를 공급하는 과정에서 충분한 시장이 형성되기 어려운 문제점을 마을공동체와 연계하여 새로운 비즈니스 기회 등 지역 활성화에 도움을 줄 수 있는 사회경제 모델을 창출할 수 있을 것이라고 판단되어 스마트빌리지 조성을 목적으로 ICT기술을 도입하고 있다.

농촌은 인구밀도가 낮고 주요 기능들이 마을에 혼재되어 있어 마을 공동체를 중심으로 기술을 공급하는 것이 중요하나, 개별 농촌공동체의 특성을 고려할 수 없는 단순 지원 중심의 사업이 시행됨에 따라 지속해서 활용되지 못하거나 유지관리의 문제가 발생하고 있다.

따라서, 스마트빌리지 사업은 지역주민의 수요를 바탕으로 기술이 개발되어야 하며, 공동체 중심으로 기술이 공급되어야한다. 또한, 지속적인 운영 및 관리를 위해 체계적인 계획수립이 필요하다.

따라서, 이 책에서는 효과적인 스마트빌리지 조성을 위하여, 스마트빌리지의 이론적 기반을 통하여 스마트빌리지 사업에 공모할 수 있도록 관련 내용들을 다루었다. 특히 지금까지 공모에 선정된 지방자치단체 중에서 스마트경로당 설치 및 운영에 대한 공모가 가장 많았기 때문에 스마트경로당 사업을 위해 포함해야 할 서비스에 대하여 자세하게 담았다.

부디 이 책을 통해서 주민이 행복한 스마트빌리지 사업을 성공적으로 수행하길 기대해 본다.

지은이 일동

목 차

제4장   **노인의 이해** ······················· **119**

제1장

스마트빌리지 사업

01 스마트빌리지의 정의

스마트빌리지는 현대적인 도시 개발의 일환으로, 지능형 기술과 인프라를 활용하여 주거 지역을 효과적으로 관리하고 편의성을 제공하는 개념이다. 이는 주거 단지나 아파트 단지 등 작은 규모의 도시 커뮤니티에 적용된다.

스마트빌리지는 주민들의 생활 편의성을 높이기 위해 다양한 스마트 기술을 도입하는데, 예를 들면 스마트 홈 시스템, 에너지 관리 시스템, 안전 시스템, 자동화된 주차 시스템 등이 있다. 또한, 스마트빌리지는 환경 친화적인 에너지 관리, 쓰레기 처리 및 재활용 시스템 등을 통해 지속 가능한 도시 개발을 추구한다. 이러한 스마트빌리지 개념은 주거 환경의 효율성과 편리성을 개선하며, 주민들의 삶의 질을 높이는 데 기여한다.

스마트빌리지는 기술의 발전과 함께 빠르게 변화하는 사회 경제 환경에 대응하기 위해 나타난 개념이다. 전 세계적으로 농촌 지역의 인구 감소, 고령화, 농업의 경쟁력 감소 등 다양한 문제가 발생하면서, 이를 해결하고 지역 경제를 활성화하기 위한 방안으로 스마트빌리지의 개념이 제안되었다.

스마트빌리지는 정보통신기술(ICT), 빅데이터, 인공지능 등 최신 기술을 활용하여 농업, 에너지, 교통, 교육 등 다양한 분야를 효율적으로 관리하고 개선하는 것을 목표로 한다. 이를 통해 지역 공동체의 삶의 질을 향상시키고, 지속 가능한 발전을 추구한다.

스마트빌리지는 농촌 지역의 문제 해결뿐 아니라 도시 지역과의 연결성 강화, 지역 경제의 다양화, 지역사회의 공동체 의식 강화 등을 통해 전반적인 지역 발전을 이끌어나가는 데 중요한 역할을 수행하고 있다.

기술의 발전과 사회 경제적 변화에 대응하기 위한 이러한 움직임은 앞으로도 계속될 것으로 예상된다. 그래서 스마트빌리지는 더욱 중요한 개념이 될 것으로 보인다.

스마트빌리지란 지능정보기술을 활용하여 농어촌 지역의 생산성 향상, 안전 강화, 생활 편의 서비스 등을 제공함으로써 주민의 삶의 질을 향상시키고 지역경제를 활성화하는 것을 목적으로 하는 사업을 말한다.

02 스마트빌리지의 탄생

UN은 2050년까지 세계 인구가 90억명으로 증가하고 도시화율이 약 70%에 이를 것으로 예상하고 있다. 이로 인해 인구와 자원 소비가 도시에 집중되는 급속한 도시화로 미세먼지와 교통 혼잡, 물 부족 등 각종 사회문제가 심화되며 도시의 지속 가능성에 큰 위협이 되고 있다. 이에 전 세계는 도시문제 해결과 지속가능한 번영을 위한 새로운 대안으로 스마트시티에 주목하고 있다.

스마트시티는 첨단 정보통신기술(ICT)을 활용하여 도시의 다양한 문제를 해결하고 시민의 삶의 질을 향상시키기 위한 도시이다. 한국도 빅데이터와 인공지능 등 정보통신기술(ICT)을 활용한 스마트시티 추진에 노력을 기울이고 있다.

한국은 2019년 6월 스마트시티 조성확산을 위한 5년 단위 중장기 로드맵 수립과 함께 이를 위한 4대 분야 14개 세부 과제를 마련하여 「스마트도시 종합계획」을 수립했다. 그리고 정부는 2021년부터 2023년까지 3년간 총 2조 1,000억 원을 투입하여 세종특별자치시와 부산광역시에 '스마트시티 국가 시범도시' 조성하고 있다. 또한 정부는 2020년부터 2023년까지 총 1조 원을 투입하여 전국 10개 지자체를 대상으로 스마트 챌린지 사업을 추진하고 있다. 이 사업은 지자체의 특성과 수요에 맞는 스마트시티 서비스를 발굴하고, 실증하는 사업이다.

'스마트시티 챌린지 사업'은 시티 챌린지(기업과 지자체가 컨소시엄을 구성하여 도시 전역의 문제를 종합적으로 해결하는 사업), 타운 챌린지(중소도시 규모에 최적화된 특화 솔루션을 제안하고 적용하는 사업), 캠퍼스 챌린지(대학을 중심으로 지역에서 스마트 서비스를 실험하고 사업화하는 사업)로 구분하여 교통과 안전, 환경, 복지 등 다양한 도시문제를 정보통신 신기술을 접목해 스마트 서비스를 개발·실증하는 지역과 민간 주도의 사업이다. 이는 기존의 지자체 지원 사업과 달리 민간의 창의적 아이디어로 도시문제를 효율적으로 해결하고 기업 솔루션의 실증과 확산의 효과적인 지원을 위해 기획됐다.

스마트시티 챌린지 사업은 도시 단위의 사업으로, 교통, 환경, 안전, 보건 등 다양한 분야의 문제를 해결하기 위한 종합적인 솔루션을 개발하고 실증하는 사업이다. 따라서 도시 단위의 스마트시티 챌린지 사업으로 인하여 상대적으로 도농 간의 IT기술 및 인프라 격차가 심해짐에 따라 마을 단위의 스마트 사업이 필요해지게 되었다. 이로 인해 스마트빌리지 개념이 등장하였다. 그래서 스마트빌리지 사업은 농어촌 지역의 특성을 고려한 특화된 스마트 솔루션을 개발하여 주민들에게 편의를 제공하고 실증하는 사업이다.

2019년 처음 시작한 '스마트빌리지 보급 및 확산 사업'은 읍·면 단위에 지능정보기술을 접목해 농어촌 지역 현안을 해결하고 생활 편의 개선을 위해 지자체를 지원하는 사업으로 농어촌 소외현상 심화와 지역 균형 발전의 필요에 의해 탄생했다.

'스마트빌리지'는 농어촌 지역 특성을 반영할 수 있는 지능정보기술을 발굴하고 마을 주민이 체감할 수 있도록 읍·면별 4~5개 서비스를 개발해 적용한다. 특히, 주민이 직접 서비스 개선에 대한 수요 제기와 기획·평가 등 사업 전반에 참여하는 리빙랩(Living Lab; 사용자 주도형, 개방형 혁신 생태계) 기반 실증으로 현장의 의견을 적극 반영하는 것이 핵심이다.

대도시 중심의 스마트시티 사업과 농어촌 중심의 스마트빌리지 사업을 비교해 보면 다음과 같다.

〈표 1-1〉 스마트시티 사업과 스마트빌리지 사업 비교

대도시 중심의 스마트시티 사업	농어촌 중심의 스마트빌리지 사업
• 대도시에 집중되는 IT기술 및 인프라 • 도농간 지역 경쟁력 격차 심화 • 도농간 정보 격차 심화 • 도농간 정보 교류와 서비스 공유를 위한 네트워크 시스템 부족	• IT기술 및 서비스 보급 • 지역 생활환경 개선 • 지역 성장 동력 발굴 • 주민 공동체 지역 경제 간의 네트워크 시스템 확보

출처 : 과학기술정보통신부(2022). 스마트시티 사업과 스마트빌리지 사업 비교

03 스마트빌리지 사업의 개념

스마트빌리지 사업은 지능정보기술을 활용하여 농어촌 지역의 생산성 향상, 안전 강화, 생활 편의 서비스 등을 제공함으로써 주민의 삶의 질을 향상시키고 지역경제를 활성화하는 것을 목적으로 하는 사업이다.

스마트빌리지 사업은 우리나라를 비롯하여 전 세계적으로 활발하게 추진되고 있다. 한국에서는 2019년부터 스마트빌리지 조성 사업을 본격적으로 추진하고 있다. 이 사업은 과학기술정보통신부 과기부는 2019년부터 '스마트빌리지 보급 및 확산 사업'을 광역·기초 지방자치단체를 대상으로 추진해 왔다.

스마트빌리지 사업은 지능정보기술, ICT기술 기반의 스마트 서비스 도입을 지원하여 지역사회의 디지털 전환, 지역경쟁력 강화, 삶의 질 향상 및 균형발전을 목적으로 한다.

스마트빌리지 사업은 전 세계적으로 활발하게 추진되고 있으며, 우리나라에서도 더욱 발전할 것으로 전망된다. 지능정보기술의 발전과 함께 스마트빌리지의 핵심 개념인 주민 참여가 더욱 강조될 것이며, 지역 특성에 맞는 맞춤형 서비스 개발이 더욱 활발해질 것으로 예상된다. 또한, 스마트빌리지 사업의 성공을 위해서는 주민 참여와 지역 협력이 더욱 중요해질 것이다.

04 스마트빌리지 사업의 배경

지능정보기술의 발전

지능정보기술의 발전은 스마트빌리지의 탄생을 가능하게 한 가장 중요한 요인이다. 지능정보기술의 발전으로 인해 센서, IoT, AI 등 다양한 기술이 개발되었으며, 이러한 기술을 활용하여 농어촌 지역의 문제를 해결하고 주민의 삶의 질을 향상시킬 수 있는 새로운 방안이 모색됨에 따라 스마트빌리지 사업이 탄생하게 되었다.

주민 삶의 질 향상

저출산·고령화, 도시 집중화, 산업 구조 변화 등 다양한 요인으로 인해 지역사회의 문제가 심화되고 있다. 이에 따라 주민의 삶의 질을 향상시키기 위한 새로운 대안이 필요하게 됨에 따라 스마트빌리지 사업이 탄생하게 되었다.

지역 문제 해결

교통, 환경, 에너지, 도시재생 등 지역사회의 다양한 문제는 주민의 삶의 질을 저하시키고, 지역의 발전을 저해함에 따라 스마트빌리지 사업이 탄생하게 되었다.

농어촌 지역의 발전 필요성

농어촌 지역은 인구 감소와 고령화, 산업 구조의 변화 등으로 인해 어려움을 겪고 있다. 이러한 문제를 해결하고 농어촌 지역의 발전을 도모하기 위해서는 새로운 방안이 필요해서 스마트빌리지 사업이 탄생하게 되었다.

스마트빌리지의 사업 내용

출처 : 과기부(2019). 스마트빌리지 사업설명서

05 스마트빌리지 사업의 핵심 개념

스마트빌리지의 핵심 개념은 다음과 같다.

- 지능정보기술의 활용 : 지능정보기술은 인간의 인지, 학습, 추론 등 고차원적 정보 처리 활동을 ICT 기반으로 구현하는 기술이다. 스마트빌리지는 인공지능(AI), 사물인터넷(IoT), 빅데이터 등 지능정보기술을 활용하여 주민의 삶을 편리하고 안전하게 만들어 준다.

- 지역 특성의 반영 : 스마트빌리지는 지역의 특성에 맞는 맞춤형 서비스를 제공함으로써 주민의 만족도를 높이고 지역 발전에 기여한다.

- 주민 참여 : 스마트빌리지의 성공을 위해서는 주민의 참여가 필수적이다. 주민의 의견을 반영하여 주민이 주도적으로 서비스를 이용하고 운영할 수 있도록 해야 한다.

06 스마트빌리지 사업의 연혁

스마트빌리지 사업은 2019년부터 시작된 정부의 지역사회 디지털화 사업이다. ICT 기술을 활용하여 주민의 삶의 질을 향상시키고, 지역 문제를 해결하기 위한 목적으로 추진되고 있다.

스마트빌리지 사업의 연혁은 다음과 같다.

- 2019년 : 스마트빌리지 시범사업(10개소) 추진
- 2020년 : 스마트빌리지 확산사업(20개소) 추진
- 2021년 : 스마트빌리지 보급·확산사업(30개소) 추진
- 2022년 : 스마트빌리지 보급·확산사업(45개소) 추진
- 2023년 : 스마트빌리지 보급·확산사업(58개소) 추진
- 2024년 : 스마트빌리지 보급·확산사업(78개소) 추진

스마트빌리지 사업은 매년 사업 규모와 예산이 확대되고 있다. 2024년에는 78개소를 대상으로 총 1,039억 원의 예산이 투입될 예정이다.

스마트빌리지 지정 현황
출처 : 과기부(2023). 지역사회 디지털 전환과 균형발전을 위한 스마트빌리지 사업 우수사례.

07 스마트빌리지 사업의 효과

스마트빌리지 사업의 기대효과는 다음과 같이 크게 두 가지로 나눌 수 있다.

주민 삶의 질 향상

스마트빌리지 사업을 통해 주민의 안전, 편의, 건강, 문화, 교육, 복지 등 다양한 분야에서 삶의 질이 향상될 것으로 기대된다.

- 안전 : 스마트 CCTV, 스마트 가로등, 스마트 교통관제 시스템 등을 통해 범죄와 교통사고를 예방하고, 주민의 안전을 확보할 수 있다.

- 편의 : 스마트 주차 관리 시스템, 스마트 쓰레기 배출 시스템, 스마트 상점 안내 시스템 등을 통해 주민의 일상생활을 편리하게 할 수 있다.

- 건강 : 스마트 헬스케어 시스템, 스마트 건강관리 서비스 등을 통해 주민의 건강을 증진할 수 있다.

- 문화 : 스마트 문화관광 서비스, 스마트 문화예술교육 등을 통해

주민의 문화생활을 풍요롭게 할 수 있다.

- 교육 : 스마트 교육 플랫폼, 스마트 학습 지원 서비스 등을 통해 주민의 교육 기회를 확대할 수 있다.

- 복지 : 스마트 복지 서비스, 스마트 돌봄 서비스 등을 통해 주민의 복지 수준을 향상시킬 수 있다.

지역 문제 해결

스마트빌리지 사업을 통해 교통, 환경, 에너지, 도시재생 등 지역의 문제가 해결될 것으로 기대된다.

- 교통 : 스마트 교통관제 시스템, 스마트 대중교통 시스템 등을 통해 교통 혼잡을 해소하고, 교통안전을 확보할 수 있다.

- 환경 : 스마트 환경 감시 시스템, 스마트 에너지 관리 시스템 등을 통해 환경오염을 줄이고, 에너지 효율을 높일 수 있다.

- 에너지 : 스마트 에너지 생산·저장 시스템, 스마트 에너지 거래 시스템 등을 통해 지역 내 에너지 자립도를 높일 수 있다.

- 도시재생 : 스마트 도시재생 플랫폼, 스마트 도시재생 사업 등을 통해 지역의 도시환경을 개선하고, 지역경제를 활성화할 수 있다.

- 스마트빌리지 사업은 지역사회의 디지털화를 가속화하고, 주민의 삶의 질 향상과 지역 문제 해결을 위한 중요한 사업이다.

08 스마트빌리지 사업의 유형

스마트빌리지 사업은 크게 4가지 유형으로 구분된다.

스마트 농업

스마트 농업은 지능정보기술을 활용하여 농업의 생산성, 효율성, 지속가능성을 향상시키는 농업을 말한다. 스마트 농업에는 다음과 같은 다양한 기술이 적용될 수 있다. 스마트팜, 스마트 축산, 스마트 수산 등을 통해 농업 생산성을 높이고 농가 소득을 증대한다.

- 센서 및 IoT 기술 : 작물의 생육 상태, 환경 정보 등을 실시간으로 측정하고 분석하는 기술로 관리의 편안함과 생산성을 향상시킬 수 있다.

- 인공지능(AI) : 수집된 데이터를 분석하여 작물의 생육을 최적화하는 기술로 관리의 편안함과 생산성을 향상시킬 수 있다.

- 자동화 기술 : 농작업을 자동화하여 노동력을 절감하고 효율성을 높이는 기술로 노동력을 절감하고 생산성을 향상시킬 수 있다.

- 로봇 기술 : 농작물 수확, 병충해 방제, 농산물 수송 등 다양한

농작업을 수행하는 로봇을 활용하는 기술로 노동력을 절감하고 생산성을 향상시킬 수 있다.

- 드론 : 작물의 생육 상태를 정밀하게 모니터링하고, 농약을 정밀하게 살포하고, 종자를 효율적으로 사용할 수 있어 생산성을 향상시킬 수 있다. 또한 드론을 활용하여 노동 집약적인 농작업을 자동화할 수 있어 노동력을 절감할 수 있다.

- 자율작업 트랙터 : 운전자의 개입 없이 경작 작업을 수행할 수 있는 트랙터이다. GPS, RTK, 카메라 등 센서를 통해 주변 환경을 인식하고, 이를 기반으로 경로를 설정하고 작업을 수행한다. 자율작업 트랙터는 농촌 인구 감소와 고령화로 인한 농업 노동력 부족 문제를 해결할 수 있는 대안으로 주목받고 있다. 또한, 작업 효율성 향상, 작업 안전성 확보, 농산물 품질 향상 등의 효과가 기대된다.

스마트 교통

스마트 교통은 지능정보기술을 활용하여 교통의 효율성, 편리성, 안전성, 지속 가능성을 향상시키는 교통을 말한다. 스마트 교통에는 다음과 같은 다양한 기술이 적용될 수 있다.

- 자율주행 : 차량이 스스로 운행함으로써 교통사고를 예방하고 효율성을 높이는 기술을 말한다.

- MaaS(MaaS는 Mobility as a Service) : 다양한 교통수단을 하나의 플랫폼으로 통합하여 편리하게 이용할 수 있는 서비스를

말한다. MaaS 플랫폼을 통해 이용자는 하나의 어플리케이션만으로 출발지, 도착지, 원하는 교통수단 등을 입력하면 최적의 이동 경로와 운임을 확인하고 결제까지 한 번에 할 수 있다. 또한, 실시간 교통정보 및 교통편 예약, 다양한 교통수단 간 끊김 없는 이동 등 편리한 기능을 제공한다.

- 스마트 버스정류장 : 실시간 버스 도착 정보 제공, 공기질 측정 및 미세먼지 정보 제공, 안전 기능 강화, 편의 시설 제공 등 다양한 기능을 통해 이용자의 편의성을 향상시킨다.

스마트 안전

스마트 안전은 지능정보기술을 활용하여 주민의 안전사고를 예방하고 생명과 안전을 지킨다.

- 스마트 CCTV : 지능정보기술을 활용하여 CCTV의 기능과 효율성을 향상시킨 CCTV를 말한다. CCTV 영상에서 사람, 차량, 물체 등을 인식하고 분석하고, 특정 상황을 감지하여 자동으로 경보를 울리고, 대응하는 기능이 들어 있다.

- 스마트 가로등 : 조도 센서를 활용하여 주변의 조도를 측정하고, 조도에 따라 자동으로 가로등의 밝기를 조절하는 기능과 LED 조명을 활용하여 전력 소비를 절감하는 기능이 들어 있다.

- 스마트 재난안전 시스템 : 지능정보기술을 활용하여 재난의 예방, 대응, 복구를 보다 효율적이고 효과적으로 수행하기 위한 시스템을 말한다.

- 안전생활 모니터링 : 일상생활에서 발생할 수 있는 안전사고를 예방하기 위해, 안전 위험 요소를 지속적으로 감시하고 관리하는 활동을 말한다. 안전생활 모니터링은 안전사고를 예방하고, 안전사고가 발생할 경우, 신속하고 효과적으로 대응하여 피해를 최소화한다. 그리고 안전에 대한 경각심을 높이고, 안전 문화를 확산한다.

스마트 생활

스마트 생활은 주민들의 생활을 지능정보기술을 활용하여 삶의 편리성, 효율성, 안전성, 지속 가능성 등을 향상시켜 주민의 삶의 질을 향상시킨다.

- 스마트 홈 : 지능정보기술을 활용하여 집안의 다양한 가전과 기기를 하나의 플랫폼으로 통합하여 제어할 수 있는 시스템을 말한다. 스마트 홈 시스템을 통해 사용자는 집안의 가전과 기기를 스마트폰이나 태블릿, 음성 명령 등을 통해 원격으로 편리하게 제어할 수 있다.

- 스마트 헬스케어 : 지능정보기술을 활용하여 개인의 건강과 의료에 관한 정보, 기기, 시스템, 플랫폼을 다루는 산업 분야로서 건강 관련 서비스와 의료 IT가 융합된 종합의료 서비스를 말한다.

- 에너지 통합관리 : 지능정보기술을 활용하여 에너지 생산, 소비, 저장, 유통 등의 전 과정을 효율적으로 관리하는 것을 말한다. 에너지 통합관리는 에너지 사용량을 실시간으로 모니터링하고,

이를 기반으로 최적의 에너지 사용을 제어함으로써 에너지 효율성을 높일 수 있다. 또한 에너지 사용량을 줄임으로써 에너지 비용을 절감할 수 있다. 특히 태양광과 같은 신재생에너지의 생산량을 실시간으로 모니터링하고, 설비 고장 사전 예측과 대응이 가능하다.

- 스마트 쓰레기 수거 : 사물인터넷(IoT), 인공지능(AI), 빅데이터 분석 등의 기술을 활용하여 쓰레기 관리와 수거를 효율적으로 수행하는 시스템을 말한다. 스마트 쓰레기 수거는 쓰레기통의 적재량을 실시간으로 모니터링하고, 폐비닐과 농약병 등의 쓰레기는 자동 압축하며, 이를 기반으로 수거 시기를 결정하여 수거 차량을 최적화하여 배치함으로써 수거 효율성을 높일 수 있다.

09 스마트빌리지 사업 방법

스마트빌리지 사업은 과학기술정보통신부가 주관하고, 한국정보화진흥원(NIA)이 주관하는 사업으로, 지능정보기술을 활용하여 주민의 삶의 질을 향상시키고, 지역 문제를 해결하기 위한 사업이다.

과학기술정보통신부가 스마트빌리지 사업에 대한 공모를 하게 되면 지방자치단체는 이에 맞게 제안서를 작성하여 제출하고, 한국지능정보사회진흥원(NIA)에서 다음과 같은 평가를 하여 선정한다.

평가 항목

- 사업의 목표와 내용 : 사업의 목표와 내용이 명확하고, 실현 가능하며, 사업의 효과와 파급력이 높은지 평가한다.

- 사업의 계획과 추진력 : 사업 계획이 구체적이고, 실행 가능하며, 사업을 추진할 수 있는 역량과 의지가 있는지 평가한다.

- 주민의 참여와 협조 : 사업은 주민의 참여와 협조가 필수적이므로, 주민의 참여와 협조가 적극적인지 평가한다.

평가 절차

- 서면 평가 : 사업 신청서, 사업 계획서, 사업 실행 보고서 등을 검토하여 평가한다.

- 현장 평가 : 사업 현장을 방문하여 사업의 추진 상황과 효과를 평가한다.

- 종합 평가 : 서면 평가와 현장 평가 결과를 종합하여 평가한다.

평가 결과

- A : 우수(100점 이상)

- B : 양호(80점 이상 100점 미만)

- C : 보통(60점 이상 80점 미만)

- D : 미흡(60점 미만)

10 스마트빌리지 국비 지원 규모

스마트빌리지 사업은 2019년 40억 예산에서 2023년 45개 지자체의 58개 사업을 대상으로 632억 원을 지원한다. 다만, 2023년부터는 회계가 변경되어 정보통신진흥기금 사업에서 균특 회계 지역 자율 계정으로 전환하였다.

〈표 1-2〉 스마트빌리지 연도별 예산 현황(단위 : 백만원)

구분	2019	2020	2021	2022	2023
예산	4,000	8,000	6,000	10,000	64,231
지원 사업 수	2개	4개	6개	10개	58개
대상 회계	정보통진흥기금				군특회계

출처 :각 년도 과기부 예산서

지원 규모 및 보조율은 두 가지 유형으로 구분된다. '선도 서비스 개발 지원사업'은 지능정보기술, ICT기술을 활용하여 지역 현안 해결에 기여하는 신규 서비스를 지원한다.

'선도서비스 개발 지원 사업'은 1개 사업당 연 최대 10억원을 지원하며 국비 보조율은 80%이다. '우수서비스 보급·확산 사업'은 기 추진 우수 스마트빌리지 서비스나 타지역 우수사례, 상용제품 등 실증이 완료된 우수 서비스에 대한 지역 내 보급·확산을 지원한다. 1개 사업당 연 최대 100억원을 지원하며, 보조율은 70%이다.

〈표 1-3〉 유형에 따른 예산 지원

유형 구분	국비 지원 규모	보조율
선도서비스 개발 지원 사업	1개 사업당 연 최대 10억원	국비 80%/ 지방비 20%
우수서비스 보급 확산 사업	1개 사업당 연 최대 100억원	국비 70%/ 지방비 30%

11 스마트빌리지 사업 수행 방식

과기부의 위탁을 받은 한국지능정보진흥원(NIA)에서 지자체가 신청한 사업수행계획서의 적정성을 평가하여 과제를 선정한다. 광역 시·도와 기초 시·군·구 등 지자체는 예산계획을 수립하고 각 지역의 사업을 총괄 관리한다.

사업관리 흐름

스마트빌리지 사업이 균특회계 지역자율계정 시도자율편성사업으로 전환됨에 따라 17개 대상 시도에 대해 포괄보조금 형태로 지급한다. 자치단체가 사업 내용, 투입할 재정 규모 등을 자율적으로 결정하고, 소관

부처에서는 보조금 집행의 적정성을 검토하여 그 결과를 다음 연도에 환류하는 방식으로 관리한다.

〈표 1-4〉 사업수행 순서

단계	관련 기관	주요 내용
사업수행계획서 제출	시·군·구 → 과기정통부	스마트빌리지 보급 및 확산 사업 수행관리 지침
사업수행계획서 평가결과 회신	과기정통부 → 시·도	
군특회계 예산신청서 제출	시·도 → 과기정통부	국가균형발전 특별회계 예산안 편성지침
신청서 검토 및 예산 요구서 제출	과기정통부 → 기재부	
국고 보조금 교부	기재부 → 과기정통부→ 시·도→ 시·군·구	
사업 발주 수행	시·군·구 → 수행사업자	지자체 내규
사후관리 및 실적보고서 제출	시·군·구 → 과기정통부	스마트빌리지 보급 및 확산 사업 수행 관리 지침

12 스마트빌리지 사업 확산 방안

스마트빌리지는 단순히 당해 연도의 사업을 추진하기보다 향후 3개년 간 성과관리와 운영이 체계적으로 이루어지는 것이 중요하다. 그만큼 지자체의 의지가 중요하고 향후 운영비 확보와 관리체계가 얼마나 구체적으로 이루어져 있는지를 제안서에서부터 제시하도록 하고 이후 전담 기관인 한국지능정보산업진흥원(NIA)에서 지속적으로 현장점검과 성과관리를 면밀히 추진하는 노력을 기울이고 있다.

스마트빌리지는 지능정보 기술을 접목해 지역현황을 해결하고 생활 편의를 개선하는 데 그 목적이 있다. 그리고 이를 통해 다양한 데이터를 수집하고 활용하게 되며 다양한 정보를 안전하게 보관해야 한다. 물론 스마트빌리지 구축에 있어 정보보안에 대한 부분을 간과했을 것이라고 생각되지는 않는다. 하지만 단순히 사업의 구축과 운영에만 힘쓰는 것이 아니라 반드시 기획 단계에서부터 보안에 관련한 내용을 포함하고 함께 구축해야 한다.

〈표 1-5〉 스마트빌리지 확산 방안

연도	단계	주요 내용	
2019~2021	서비스 모델 발굴 및 실증	• 농어촌 현안 해결형 서비스 발굴 및 실증 • 주민 체감형 우수한 서비스 지속 발굴	
2021~2022	우수 서비스 모델 표준화	• 우수한 서비스 모델 규격화 및 표준화 • 우수 서비스 모델 조달 등록	
2022~	우수 서비스 대규모 확산	• 농림식품부 : 일반농산어촌 개발 사업 연계 및 확산 • 국토교통부 : 스마트시티 사업 연계 및 확산 • 기재부 • 지자체	

출처 : 과학기술정보통신부(2023). 향후 스마트빌리지 서비스 확산 방안

제2장

스마트빌리지 사업

01 농어촌 소득 증대 분야

농어촌의 소득을 증대하기 위하여 스마트팜, 스마트 농업 기계화, 드론 활용 등 지능정보기술을 활용하여 농업 생산성을 향상시켜 농가 소득을 증대시키는 사업이다.

지능정보기술을 활용하여 농업 생산성을 향상시킬 수 있는 방법은 다음과 같다.

- 스마트팜 : 센서, IoT, AI 등 지능정보기술을 활용하여 농장의 환경을 실시간으로 모니터링하고, 최적의 조건으로 관리하여 작물의 생산성을 향상시키는 사업이다.

- 스마트 농업 기계화 : 센서, IoT, AI 등 지능정보기술을 활용하여 농기계를 자동화 또는 원격으로 제어하여 농작업의 효율성을 향상시키는 사업이다.

- 드론 활용 : 센서, IoT, AI 등 지능정보기술을 활용하여 드론을 활용하여 농작물의 생육 상태를 모니터링하거나, 농약 살포, 수확 등의 농작업을 수행하는 사업이다.

- 자율작업 트랙터 : GPS, RTK, 카메라 등 센서를 통해 주변 환경을 인식하고, 이를 기반으로 경로를 설정하고 작업을 수행하는 사업이다.

- 스마트 관광 : 센서, IoT, AI 등 지능정보기술을 활용하여 관광객의 편의성을 향상시키고, 맞춤형 관광 서비스를 제공하는 사업이다.

02 생활 편의 개선 지원 분야

스마트빌리지 사업은 지능정보기술을 활용하여 농어촌 지역의 정주환경을 개선하고, 생활 편의를 증대시켜 농어촌 소득증대와 정주 여건 개선에 기여하기 위한 사업이다.

지능정보기술을 활용하여 생활 편의 개선 지원 방법은 다음과 같다.

- 스마트 교통 : 센서, IoT, AI 등 지능정보기술을 활용하여 교통 정보(버스 도착 정보 제공, 교통량 예측)를 실시간으로 제공하고, 교통수단을 효율적으로 이용할 수 있도록 지원하여 교통편의를 개선할 수 있다.

- 스마트 의료 : 센서, IoT, AI 등 지능정보기술을 활용하여 환자의 건강 상태를 실시간으로 모니터링하고, 원격 진료를 제공하여 의료서비스를 개선할 수 있다. 또한 웨어러블 기기 활용, 원격 진료, 맞춤형 의료 서비스를 제공할 수 있다.

- 스마트 교육 : 센서, IoT, AI 등 지능정보기술을 활용하여 온라인 학습, 맞춤형 학습, 원격 교육 등을 제공하여 교육의 질을 개선할 수 있다.

- 스마트 문화 지원 : 주민들에게 센서, IoT, AI 등 지능정보기술을 활용하여 문화생활을 더욱 편리하게 즐길 수 있도록 VR, AR, MR 등 기술을 활용한 문화 콘텐츠 제공, 온라인 공연 등을 지원하여 문화생활을 개선하는 사업이다.

- 스마트 가로등 설치 : 조도 센서를 활용하여 주변의 조도를 측정하고, 조도에 따라 자동으로 가로등의 밝기를 조절하는 스마트 가로등을 설치하는 사업이다.

03 생활 속 안전 강화 분야

농어촌 지역의 특성을 고려하여 지능정보기술을 활용하여 안전사고를 예방하고, 안전을 강화하는 사업이다.

지능정보기술을 활용하여 생활 속 안전 강화 방법은 다음과 같다.

- 스마트 CCTV 설치 : CCTV 영상에서 사람, 차량, 물체 등을 인식하고 분석하고, 특정 상황을 감지하여 자동으로 경보를 울리고, 대응하는 스마트 CCTV를 설치하는 사업이다.

- 안전생활 모니터링 : 일상생활에서 발생할 수 있는 안전사고를 예방하기 위해, 안전 위험 요소를 지속적으로 감시하고 관리하는 사업이다.

- 스마트 재난 안전 : 기상 예측 시스템, 재난 경보 시스템, 재난 대응 시스템 등을 구축하여 재난을 예방하고, 재난 발생 시 신속하게 대응할 수 있도록 하는 사업이다.

04 주민 생활 시설 스마트화 지원 분야

주민 생활 시설의 유형별 특성에 맞는 사업을 추진하여 지역의 정주 환경을 개선하고, 생활 편의를 증대시킨다. 주민 생활 시설 스마트화 지원 방법은 다음과 같다.

- 스마트 홈 : 지능정보기술을 활용하여 집안의 다양한 가전과 기기를 하나의 플랫폼으로 통합하여 제어할 수 있는 시스템을 제공하는 사업을 말한다.
- 스마트 헬스케어 : 지능정보기술을 활용하여 개인의 건강과 의료에 관한 정보, 기기, 시스템, 플랫폼을 제공하는 사업을 말한다. 스마트 헬스케어, 스마트 스포츠, 스마트 영양 등의 서비스를 제공하는 사업을 말한다.
- 에너지 통합관리 : 지능정보기술을 활용하여 에너지 생산, 소비, 저장, 유통 등의 전 과정을 효율적으로 관리하는 시스템을 제공하는 사업을 말한다.
- 스마트 쓰레기 수거 : 사물인터넷(IoT), 인공지능(AI), 빅데이터 분석 등의 기술을 활용하여 쓰레기 관리와 수거를 효율적으

로 수행하는 시스템을 제공하는 사업을 말한다.

- 스마트 문화 : 스마트 문화관, 스마트 공연장, 스마트 도서관 등 문화 관련 ICT 기술을 활용하여 문화 생활을 향상시키는 사업을 말한다.

- 스마트 교육 : 스마트 교육, 스마트 학습, 스마트 평생교육 등 교육 관련 ICT 기술을 활용하여 교육 기회를 확대하는 사업을 말한다.

- 스마트 복지 : 노인이나 아동을 위한 스마트 복지, 스마트 돌봄, 스마트 공동체 등 복지 관련 ICT 기술을 활용하여 복지 서비스를 제공하는 사업을 말한다.

제3장

스마트빌리지 사업
우수 도시 사례

01 스마트빌리지 사업 우수도시

스마트빌리지 사업 우수도시 사례를 보면 다음과 같다.

〈표 3-1〉 스마트빌리지 확산 및 보급 우수사례

지자체	서비스명	주요 내용
강원 삼척시 (2019)	지속가능한 스마트 에너지 혁신 마을	• 스마트 에너지 뱅크 • 신재생 에너지 마을관리 • ICT 융합기반 축우관리 • 마을 지킴이 드론 • 지능형 영상 보안관
전남 무안군 (2019)	체험장 기반의 참여형 커뮤니티 케어 서비스	• 드론기반 정밀농업정보 • 양방향 소통 어르신 돌봄 • 스마트 쓰레기통 • 태양광 안내판 기반 지역 정보 • 체험관 및 IoT 통합관제
전북 완주군 (2020)	다함께 열어가는 스마트 으뜸 빌리지	• 환경오염 실시간 측정 및 초동대응 • 지능형 쓰레기 불법투기 방지 • 양방향 소통 어르신 돌봄 • 스마트 실버존 안전 • 스마트 그린부스
경남 김해시 (2020)	지속가능한 도·농 복합형 스마트 혁신 마을	• 자율작업트랙터 • 스마트 교통편의 시스템 • 신재생 마을관리 시스템 • 스마트 건강관리 시스템 • 산사태 예·경보 시스템

제주 제주시 (2020)	ICT융합기반 주민참여 체감형 커뮤니티 케어 서비스	• 자율주행 셔틀 • 해녀 안전 서비스 • 스마트 쓰레기통 • 양방향 소통 어르신 돌봄 • 지능형 지역 정보 공유 플랫폼
전남 강진군 (2020)	스마트 청자골 남도답사 1번지 프로젝트	• 농장 맞춤형 생산성 향상 • 환경오염 실시간 측정 및 초동대응 • 지능형 영상 보안관 • 생활폐기물 제로화 및 에너지화 • 사이버 청자 도예 공방
충북 청주시 (확산과제) (2021)	스마트빌리지 확산을 위한 자율작업트랙터 보급	• 자율작업트랙터 임대 서비스 • 자율작업트랙터 원격 모니터링 시스템 구축
전남 신안군 (2021-2022)	지능형 낙지 자원 관리	• 드론·AI 기반의 갯벌어장 낙지자원량 산정 • IoT 기반 불법 낙지조업 감시 및 알림체계 구축
경남 거제시 (2021)	돌봄과 공유로 더불어 행복한 스마트빌리지	• 어르신 스마트 돌봄 서비스 • 스마트 주차정보 공유 서비스
경남 창원시 (2021)	우리마을 스마트 모빌리티 안전 서비스	• 모빌리티 안전관제 및 e-Call 서비스 • 보행자 및 자전거 안심 알림 서비스
전남 장성군 (2021)	AI기반 옐로우시티 주민행복 소득형 빌리지	• ICT 특화작물 팜-스마트팩토리 • 농기계 사후관리 지원 플랫폼 • ICT Web-AR 기반 스마트 관광
대전 유성구 (2021)	스마트경로당 구축	• ICT 기반 맞춤형 여가복지 프로그램 • AI 아바타 활용 치매 및 건강관리 서비스 • 디지털사이니지 기반 생활정보 제공
경기 부천시 (2021)	스마트경로당 구축으로 Active Senior 포용적 공동체 강화	• ICT 양방향 여가복지 서비스 제공 • 스마트 건강관리(100세 건강실) 서비스 • IoT 기반 실내 스마트팜 서비스
전남 고흥군 (2022)	인공지능 기반 새꼬막 양식어장 관리 서비스	• 드론 활용 새꼬막 양식어장 오리떼 몰이 AI 실증 • 새꼬막 양식어장 주변 해상 부유물 제거 시스템 구축
전북 진안군 (2022)	진안고원을 잇는 비대면 민원영상 서비스	• 행정지역주민 대상 무인 민원 대응 키오스크 구축 • 비대면 실시간 화상상담 & 원스톱 민원 처리

경북 예천군 (2022)	AI를 활용한 농작물 절도 예방체계 구축	• AI·IoT 기반 농작물 절도 감지 및 위험성 분석 • 스마트젝터 이용 경고 및 범죄 억제효과 구축
충북 증평군 (2022)	드론과 트랙터를 활용한 자율 농작업 서비스	• 드론스테이션 기반 무인드론 방제 시스템 • 드론·자율작업트랙터 결합을 통한 자율작업 시스템
경북 성주군 (2022)	성주군 스마트경로당 구축 노년을 세상과 잇다(it :da)	• 비대면 화상회의 플랫폼 구축(생활교육, 여가복지) • 키오스크 기반 비문해 어르신 문자인식 서비스 • AI 체형인식 기반 맞춤형 운동추천 서비스
대구 달서구 (2022)	어르신 맞춤형 달서 스마트경로당 구축	• 스마트 스튜디오 기반 맞춤형 여가복지 서비스 운영 • 건강지표·운동량 기반 비대면 건강상담 서비스 • 동작인식 센서 활용 맞춤형 운동 및 건강정보 제공
제주 서귀포시 (2022)	서귀포형 건강 행복 스마트경로당 구축	• AI 로봇 활용 여가복지·건강·안전 통합 서비스 • MR 기반 운동 및 VR 가상여행 서비스
전남 광양시 (2022)	스마트 '아이키움 플랫폼' 구축	• 지역아동센터 온라인 학습·독서 서비스 • 실내용 체육 교육을 위한 MR 스포츠 서비스
경기 성남시 (2022)	공공도서관 이용자 참여형 AR공간 구축 및 교육강좌 돌봄센터 연계 사업	• AR기반 공공도서관 참여형 서비스 • 공공도서관-아동센터 간 비대면 화상교육 서비스
충남 아산시 (2022)	아산시 음봉 어울샘 도서관 스마트화 사업	• 도서관 이용 지원 로봇 서비스 • IoT를 활용한 혼잡도 분석 서비스

출처 : 과기부(2023). 지역사회 디지털 전환과 균형발전을 위한 스마트빌리지 사업 우수 사례.

02 강원 삼척시

강원도 삼척시 근덕면은 '지속가능한 스마트 에너지 혁신 마을'을 위해 4가지의 서비스를 추진했다.

태양광 무선 전력량계 설치

가구별 태양광 모듈에 무선 전력량계를 설치하고 실시간 에너지 발전량과 소비량 현황을 확인할 수 있는 애플리케이션을 개발하고 보급함으로써 시간대별 그리고 기후별 최적의 전력 활용 방안을 제시할 수 있는 스마트 에너지뱅크 마을 정보 시스템을 구축했다.

마을 태양광 및 지열 발전 현황, 설비 작동 현황을 진단 및 분석하고 버스정류장과 복지센터의 마을 안내판에 설치함으로써 실시간으로 확인 가능한 신재생 에너지를 통한 마을 관리를 추진했다. 이를 통해 2020년 에너지 소비량은 전년 같은 기간 대비 19.8% 감소하여 에너지 절감 효과가 있었다.

지능형 CCTV 설치

주요 도로와 주민 밀집 지역에 지능형 CCTV를 구축해 마을 보안 및 안전을 강화하였다. 지능형 CCTV는 스마트 리밍 제어시스템을 통한 환

경에 따른 지능형 CCTV 촬영 조건을 최적화하는 '지능형 영상보안관'
이라고 할 수 있다. 스마트 리밍 제어시스템은 스마트 시스템의 일종으
로, 센서, 액추에이터, 제어기 등의 구성 요소를 활용하여 물리적 환경을
감지하고 제어하는 시스템을 말한다.

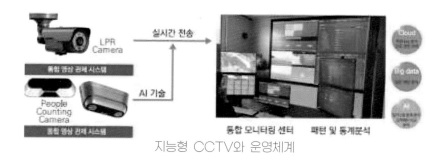

지능형 CCTV와 운영체계

자율비행 드론

삼척시는 산불감시와 정찰, 인명구조를 위하여 자율비행 드론을 운영
하였다. 자율비행 드론은 자율비행을 기반으로 안전 인프라를 구축하여
마을 안전을 강화한 '마을 지킴이 드론'이라고 할 수 있다.

바이오 캡슐

바이오 캡슐(Bio Capsule)은 인간이나 동물의 생체 내에서 특정 물질
을 전달하거나 보호하기 위해 사용되는 작은 캡슐을 말한다. 이러한 캡
슐은 의학, 의료, 환경, 식품 등 다양한 분야에서 활용된다. 양이나 소에
사물인터넷(IoT) 기술이 적용된 바이오 캡슐을 삼키도록 해 가축의 체온
과 활동량 등을 측정, 개별 데이터를 수집한 후 인공지능(AI) 분석 기술

을 통해 해당 가축의 질병·발정·임신 등을 진단하고 농부에게 스마트폰과 컴퓨터를 통해 통보해 준다.

삼척시는 소를 키우는 농장을 대상으로 바이오 캡슐을 통해 수집되는 체온과 활동량 데이터를 실시간으로 분석해 질병과 발정, 분만 등을 예측하는 'ICT 통합 기반 축우 관리' 시스템을 구축했다. 이를 통하여 축우의 분만 적중률(예상 분만일과 실제 분만일이 일치하는 비율)은 50%에서 96%로 향상됐다.

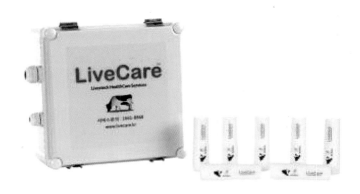

라이브케어에서 만든 바이오 캡슐

03 전남 무안군

전라남도 무안군은 전형적인 농어촌 지역으로 농산물 수급량 조절이 어렵고 연작 피해 등으로 예산과 인력, 생산비의 손실과 환경 문제가 발생했다. 뿐만 아니라 독거노인의 수는 증가하고 있지만 돌봄 인력의 한계와 복지사와 보건소, 병의원 복지시설 등이 연계되지 않아 복지 사각지대가 발생하였다. 이로 인해 전문적이고 체계적인 서비스를 받지 못하는 상황이 발생했다.

또한 서해안 고속도로 개통으로 교통량이 줄어들어 상권은 침체되었고, 농약병이나 폐비닐 등 영농폐기물에 대한 민원이 발생했으며, 무엇보다 무안읍은 특화된 산업을 보유하지 못해 1차 산업에만 머물러 있어 특화된 산업이 필요했다.

이에 무안군은 2019년 스마트빌리지 구축 사업을 통해 무안읍의 생활환경을 개선하고 지역 재생 및 발전의 기반이 될 수 있는 주민 수요 반영 생활 밀착형 첨단 정보통신기술 기반 서비스의 제안과 적용을 위해 '체험장 기반의 참여형 커뮤니티 케어 서비스'를 구축하기로 했다. 무안군청은 스마트빌리지 사업을 위해 22명의 주민협의회를 구성하고 주민 사업 설명회와 추진 실무 TF팀 회의를 진행하는 등 다양한 노력을 기울였

다.체험장 기반의 참여형 커뮤니티 케어 서비스의 구체적인 사업 내용은
① 양방향 소통 어르신 돌봄 서비스 ② 스마트 쓰레기통 ③ 체험관·IoT
통합 관제 ④ 드론 기반 정밀농업정보 ⑤ 태양광 안내판 기반 지역 정보
서비스 등이다.

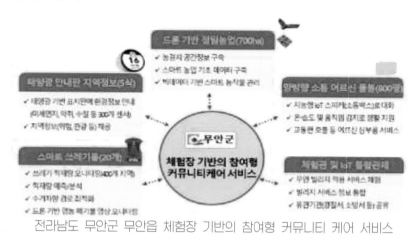

전라남도 무안군 무안읍 체험장 기반의 참여형 커뮤니티 케어 서비스

양방향 소통 어르신 돌봄 서비스

양방향 소통 어르신 돌봄 서비스는 지능형 IoT 소통 박스를 통하여
독거노인과 복지사의 양방향 소통을 통하여 어르신 돌봄을 구현하였다.
그리고 가정 내 온·습도와 움직임 데이터 등 라이프로그 정보를 수집·분
석해 건강관리와 생활 물품 주문, 교통편 호출, 민원 등 간단한 어르신
심부름을 지원하도록 하고 있다. 무안군에서 주민들의 높은 만족도를 얻
은 '양방향 소통 어르신 돌봄 서비스'는 부산 영도구가 도입하여 영도구
관내 노인 가구 150호에 보급하였다.

스마트 쓰레기통

스마트 쓰레기통은 기술적인 혁신을 통해 쓰레기 처리를 효율적으로 관리하는 쓰레기통을 말한다. 무안군은 쓰레기 집하장에 설치하기보다 쓰레기통 스테이션의 구성이 더 효율적이라는 의견을 수렴해 32개의 태양광 압축 쓰레기통과 21개의 비압축 쓰레기통, 42개의 660L 윌리빈, 105개의 적재량 감지센터 그리고 24개의 차량 위치추적 장치를 설치했다. 스마트 쓰레기통은 다음과 같은 기능을 수행한다.

- 쓰레기 수준 감지 : 스마트 쓰레기통은 내부에 설치된 센서를 통해 쓰레기의 수준을 감지한다. 이를 통해 쓰레기통이 가득 차지 않았음에도 불구하고 수거되는 불필요한 상황을 방지할 수 있다.

- 자동 압축 : 스마트 쓰레기통은 쓰레기의 부피를 줄이기 위해 자동 압축 기능을 제공한다. 이를 통해 쓰레기통의 용량을 효율적으로 활용할 수 있다.

- 쓰레기 분리 : 스마트 쓰레기통은 쓰레기를 재활용 가능한 부분과 재활용이 어려운 부분으로 분리하는 기능을 제공한다. 이를 통해 쓰레기의 재활용률을 높인다.

- 실시간 모니터링 : 스마트 쓰레기통은 인터넷에 연결되어 실시간으로 쓰레기통의 상태를 모니터링한다. 이를 통해 쓰레기통의 수거 주기를 최적화하고 관리자가 효율적으로 운영할 수 있다.

- 쓰레기 관리 : 넓게 분포된 농약 병이나 폐비닐 등 농촌 쓰레기 현황을 IoT 센서와 드론을 통해 파악하고 적재량 예측을 통한 최적의 수거경로와 쓰레기통 배치 방안을 제시했다.

스마트 쓰레기통

체험관·IoT 통합 관제

무안군은 체험관·IoT 통합 관제 서비스를 실현함으로써 노인복지나 의료, 농촌문제를 적극적으로 해결하고자 노력하고 있다. 체험관·IoT 통합 관제 서비스는 다양한 IoT 기기를 실시간으로 모니터링하고 제어하는 시스템이다. 이 시스템은 체험관 운영 효율성을 높이고 방문객에게 더 나은 체험을 제공하는 데 기여한다.

체험관·IoT 통합 관제 시스템의 주요 기능은 다음과 같다.

- 실시간 모니터링 : 다양한 IoT 기기(센서, 스마트 기기 등)의 데이터를 실시간으로 수집 및 분석하여 온도, 습도, 조명, 소음, 움직임 등 환경 정보 및 기기 작동 상태를 모니터링하고, 이상 상황 발생 시 즉각 알림을 제공한다.
- 통합 제어 : 모니터링된 데이터를 기반으로 체험관 내 환경 및 기기를 통합 제어하여 조명, 온도, 습도 등 환경을 조절한다.
- 데이터 분석 : 수집된 데이터를 분석하여 방문객 행동 패턴, 체

험관 이용 현황 등을 파악하여 체험관 운영 개선 및 방문객 만족도 향상을 위한 전략을 수립한다.

무안군은 이 서비스를 위해 800대의 스피커를 제작·설치했으며, 일일 평균 8,000건의 데이터를 수집했다.

드론 기반의 정밀농업 서비스

드론 기반의 정밀농업 서비스는 다양한 센서를 탑재한 드론을 이용하여 농작물의 영상 및 데이터 수집하여 농작물의 생육 상태 분석하며, 병충해와 잡초 발생을 감지하며, 수분 및 영양 부족 등 이상 조기 발견하고, 필지별·작물별 맞춤형 농업 관리 정보를 제공하며, 시기별·지역별 적정 시비 및 관수, 병충해 방제 등 맞춤형 처방 제공하며, 농약 및 비료 사용량 최적화, 환경오염을 방지하는 기능을 수행한다.

드론 기반의 정밀농업 서비스

무안군은 드론 기반의 정밀농업 서비스를 통하여 영농 관리 농경지 정밀 분석 시스템과 클라우드 기반 농민 및 서비스 관리자 웹 서비스를 구축했다. 드론 기반 정밀 농업의 효과가 입증되어 무안읍 4개리에서 전체 10개리로 확대 실증 및 무안군 전체 9개 읍면으로 확대할 계획이다.

태양관 안내판 지역 정보 서비스

무안군의 태양관 안내판 지역 정보 서비스는 태양광 안내판에 IoT 센서를 장착하여 지역 정보 안내판과 환경감시 안내판, 건물 번호판 등의 기능을 수행하도록 하였다.

태양관 안내판

태양관 안내판의 환경감지 센서를 통해 동네에서 발생하는 악취를 관리하며, 야간 전등에 대한 환경감시 안내를 제공하며, 화재 발생 시 구조 점멸 표시 및 야간 점등 기능을 탑재하여 주민들의 안전을 제공했다. 그리고 태양관 안내판은 치매 환자의 배회를 감지하며, 치매환자 실종 시 안내를 제공하는 기능도 있다. 무안군은 총 421개의 태양광 안내판을 설치해 마을 공지나 농업환경 정보를 제공하고 있다.

태양광 안내판 기반 지역 정보 서비스는 농민의 애로 지원, 농업환경 정보 안내판 지역 정보 공유 시스템 구축의 효과를 얻었다. 특히, 도로명 주소법에 의한 자율형 건물 번호판을 이용하고 위치 감지 IoT서비스를 개발, 접목해 사회적 약자의 실종 방지 및 긴급 대응 체계를 구축하고 구축한 지역사회 안전망을 인근 또는 타 행정 지역과 연계·확대가 가능하도록 했다. 그리고 대기 악취를 감지해 통합관제소에 데이터를 송출, 모니터링과 데이터베이스화해 악취 저감 대책 수립의 근거자료로 활용하고 악취 발생 시설의 악취 저감 노력을 유도하는 등 지역 내 위치한 축사 또는 퇴비 살포로 인한 악취 문제의 지역 현안 해소를 지원할 수 있게 됐다.

무안군청의 설치한 스마트빌리지 이용자 평균 86.5점의 만족도를 받아 지역주민의 만족도를 높이는 데 기여했다.

04 전북 완주군

　전라북도 완주군 봉동읍은 65세 이상 어르신이 많은 마을로 7명의 생활관리사가 봉동읍에 거주하는 929명의 독거노인을 돌보고 있어 어려움이 많았다. 또한 완주산업단지와 전주과학산업연구단지, 완주테크노벨리, 중소기업 농공단지 등이 조성돼 산업단지의 배기가스로 인한 악취 민원이 지속적으로 발생하며, 산업단지 내 쓰레기 더미를 비롯해 나대지와 마을입구의 불법 폐기물과 쓰레기 투기로 인한 민원도 증가했다. 그리고 대중교통을 이용하기 힘든 주민들을 위한 대중교통서비스 개선과 고령자 등 교통약자의 안전한 통행 보장도 필요해졌다.

　이에 완주군은 2020 스마트빌리지 구축 사업을 통해 완주군의 고령화와 쓰레기로 인한 악취 민원 그리고 교통사고 위험 등의 지역주민의 실제 문제점을 바탕으로 취약계층 맞춤형 행정 복지 실현을 달성하고자 '다함께 열어가는 스마트 으뜸 빌리지' 구축에 나섰다. 이를 위하여 '다함께 열어가는 스마트 으뜸 빌리지' 구축을 위한 5개 서비스를 추진했다.

　다함께 열어가는 스마트 으뜸 빌리지의 세부 사업 내용은 ① AI 스피커를 활용한 양방향 소통 어르신 돌봄 서비스, ② 스마트 그린부스 서비스, ③ IoT센서 활용 환경오염 실시간 측정 및 초동대응 서비스, ④지능형 쓰레기 불법투기 방지 서비스, ⑤스마트 실버존 안전 서비스를 진행했다.

전라북도 완주군 봉동읍 스마트빌리지 서비스 개요

AI 스피커를 활용한 양방향 소통 어르신 돌봄 서비스

AI 스피커를 활용한 양방향 소통 어르신 돌봄 서비스는 AI 스피커를 활용한 양방향 소통 어르신 돌봄 서비스는 인공지능 기술을 접목하여 어르신의 안전과 건강을 지키고 외로움을 해소하는 데 도움을 주는 서비스이다. 주요 기능은 다음과 같다.

- 안부 확인 : AI 스피커가 하루에 여러 번 어르신의 안부를 문의하며, 이상 상황 감지 시 즉각 알림을 제공한다. 이를 통하여 어르신의 건강 상태, 생활 패턴 변화 등을 모니터링하여 필요시 조기 대응이 가능하다.
- 응급 상황 대응 : 어르신이 "살려줘", "도와줘" 등의 응급 키워드를 말하면 즉각 24시간 상황실에 연결하여 신속한 구조 및 의료 지원을 제공한다.

- 일상생활 지원 : 지역주민의 약 먹을 시간 알림, 날씨 정보 제공, 음악 재생 등의 일상생활을 지원한다. 또한 음성 명령을 통해 조명, 온도 조절 등 스마트 홈 기기 제어가 가능하다.
- 의사소통 및 상담 : AI 스피커와 대화를 통해 어르신의 외로움을 해소하기 위하여 가족, 친구들과의 화상 통화 연결을 지원한다. 또한 전문 상담사와의 연결을 통한 심리적 안정 및 정서적인 지원을 제공한다.
- 건강관리 : 건강 상태 모니터링, 건강 정보 제공, 건강관리 습관을 형성하는 것을 지원한다. 이를 통해서 만성질환 관리, 예방접종 알림 등 건강관리 서비스를 제공할 수 있다.

이를 통하여 완주군은 노인가구 삶의 질을 향상시키는 한편, 으뜸 택시 위치조회 서비스를 통해 복지 택시 이용 편의성과 생활관리사의 업무 효율성을 높였다.

스마트 그린부스 서비스

완주군은 스마트 그린부스를 설치해 버스정류장에서 대기 시 부스 내 오염물질 유입 방지를 위한 에어 커튼과 비상 상황을 위한 비상벨, 추운 겨울 긴 배차 시간 동안 기다려야 하는 이용자를 위한 온열 벤치를 설치하고 으뜸 택시 호출 키오스크를 활용해 대중교통의 복합 환승센터로 활용하고 있다.

스마트 그린부스는 봉동읍 내 2개 지역 4개 버스 정류소에 설치됐다. 그린부스 내에는 CCTV와 공기청정기, 하절기와 동절기를 위한 냉난방

기와 온열 벤치, 응급상황을 위한 안심 비상벨 등이 설치돼 있다. 또, 으뜸택시 호출 키오스크를 통해 대중교통의 복합 환승센터로 활용하고 있으며, 봉동읍행정지원센터 내 스마트 그린부스 전자장비 원격관리 모니터링을 구축해 관리하고 있다.

완주군 지능형 CCTV

IoT센서 활용 환경오염 실시간 측정 및 초동대응 서비스

IoT 센서는 인터넷에 연결되어 있는 센서로, 환경오염 요인을 감지하고 실시간으로 데이터를 수집할 수 있다. 이를 통해 환경오염 수준을 실시간으로 모니터링하고, 조기 경보 및 초동대응 서비스를 제공할 수 있다. 이러한 IoT 센서를 활용한 환경오염 실시간 측정 및 초동대응 서비스는 다음과 같은 기능을 제공한다.

- 오염물질 감지 : IoT 센서는 대기, 수질, 소음 등 다양한 오염물질을 감지한다. 이를 통해 대기 중의 이산화질소, 미세먼지, 오존 등의 농도, 수질의 pH, 수온, 수질오염물질 등을 실시간으로 측정할 수 있다.

- 실시간 데이터 수집 : IoT 센서는 측정된 환경오염 데이터를 실시간으로 수집한다. 이 데이터는 클라우드나 서버에 저장되

어 관리자나 연구자가 언제든지 접근하여 모니터링할 수 있다.

- 경보 및 알림 서비스 : 환경오염 수준이 정해진 기준을 초과할 경우, IoT 센서는 즉시 경보 및 알림을 발생시킨다. 이를 통해 관리자나 주변 주민들이 환경오염 상황을 인지하고 적절한 조치를 취할 수 있다.

- 데이터 분석 및 예측 : 수집된 환경오염 데이터는 데이터 분석 기술을 활용하여 패턴을 분석하고 예측 모델을 구축할 수 있다. 이를 통해 미래의 환경오염 상황을 예측하고 조기에 대응할 수 있다.

이를 위해 완주군은 이산화황과 이산화질소, 암모니아, 황화수소 등 8종의 악취물질과 풍향, 풍속, 온도, 습도 등 4종의 환경 요소를 감지할 수 있는 IoT 센서 및 LED 전광판을 9곳에 설치했다. IoT용 LTE망을 사용하고 스마트 마을 방송과 연동해 사용 편의성과 활용성을 높였으며, 풍향풍속계의 측정 방식을 회전 저항 이용 베어링 방식에서 초음파 방식으로 변경해 정확도도 향상했다.

지능형 쓰레기 불법투기 방지 서비스

지능형 불법 쓰레기 투기 방지 서비스는 기술적인 혁신을 통해 쓰레기의 불법투기를 감지하고 예방하는 서비스이다. 이를 위해 쓰레기통 주변에 CCTV 카메라를 설치하고, 영상 인식 기술을 활용하여 쓰레기 투기 행위를 감지한다. 예를 들어, 쓰레기통 주변에 쓰레기를 버리는 사람이나 불법 투기행위를 하는 차량 등을 식별할 수 있다.

스마트 실버존 안전 서비스

스마트 실버존 안전 서비스는 보행자를 인식해 신호를 변경하는 신호등 설치와 동기화된 바닥형 보조 신호등을 설치하고 경고 메시지를 송출해 고령자와 어린이 등 사회적 약자의 보행 편의를 제공하고 있다. 또, 보행자뿐만 아니라 운전자의 신호 준수를 위한 경각심을 부여해 사회적 비용을 감소하는 스마트 실버존 안전 서비스를 구축했다. 이는 센서를 통해 횡단보도 쪽의 사람을 인식하면 경고 메시지를 통해 안전하게 길을 건널 수 있도록 하는 서비스로 초등학교 앞에 설치함으로써 효과를 배로 거두고 있다.

스마트 실버존 안전 서비스는 선정된 5개 지역에 인공지능 기반의 보행자 자동인식 신호기를 설치해 고령층뿐만 아니라 영유아를 동반한 조부모와 부모, 어린이 등 교통약자들의 편의성을 높였다. LED 바닥형 보행 보조 신호등을 설치해 휴대전화를 많이 사용하는 청소년과 청년층의 횡단보도 이용 시 신호 변경에 대한 인지를 강화해 위험 요소를 낮췄으며, 야간 보행자의 안전을 위해 LED 횡단보도 등을 통해 야간 운전자에게 횡단보도 이용자를 쉽게 인지할 수 있도록 했다.

무안군의 스마트빌리지 사업은 지역의 문제를 혁신적으로 해결하고자 하는 가장 본질적인 문제에 중점을 두고 있어 지자체 추진 의지나 협력 구조가 가장 중요하다. 완주군은 총괄 책임자뿐만 아니라 실무책임자 공동 읍사무소와 IoT 사무소의 완벽한 협업을 통해 프로젝트를 성공적으로 이끌며 우수사례에 선정되기도 했다.

05 경남 김해시

경상남도 김해시는 진영읍에서 스마트빌리지 사업으로 '지속가능한 도·농 복합형 스마트 혁신 마을' 프로젝트를 추진했다. 이를 위하여 김해시는 진영읍을 선정하여 스마트빌리지 사업을 전개하였다. 세부 내용으로 자율작업 트랙터 확산, 신재생 마을관리 시스템, 스마트 교통편의 시스템, 스마트 건강관리 시스템, 산사태 예·경보 시스템 등 5개 서비스를 구축했으며 향후 3년간 지속적으로 성과를 관리하였다.

김해시 진영읍 스마트빌리지 개념도

자율작업 트랙터

대표적인 프로젝트로는 '자율작업 트랙터'를 꼽을 수 있다. 진영읍은 고령화된 노동 인력과 귀농인들의 생산성 보조를 위해 자율작업 트랙터를 개발해 서비스를 추진했다. 자율작업 트랙터는 위치정보를 활용해 농지에서의 자율작업 서비스를 구축하고 운행 정보와 고장정보를 애플리케이션과 시스템을 통해 실시간 모니터링 서비스를 제공했다.

일반 트랙터는 사람이 반드시 트랙터에 탑승해야 하지만, 자율작업 트랙터는 사람이 운전하지 않고 스스로 움직인다. 자율작업 트랙터는 반 농민의 미작업 면적 비율 대비 2% 정도의 효율을 보여 다소 미미하다고 느낄 수 있지만 대규모 확산이 이루어질 경우, 농지 작업의 효율성과 정확성을 증대시킬 수 있다.

신재생 마을관리 시스템

신재생 마을 관리 시스템은 신재생 에너지를 활용하는 마을의 운영과 관리를 효율적으로 지원하는 시스템이다. 이 시스템은 다양한 기능과 기술을 통해 신재생 에너지 발전, 에너지 저장, 에너지 사용 및 관리 등을 종합적으로 관리한다. 다음은 신재생 마을 관리 시스템의 주요 기능이다.

- 신재생 에너지 발전 관리 : 신재생 에너지 발전 시스템(태양광, 풍력, 수력 등)을 모니터링하고 운영 상태를 실시간으로 확인할 수 있다. 발전량, 효율성, 고장 여부 등을 모니터링하여 최적의 운영을 도모할 수 있다.
- 에너지 저장 및 분배 관리 : 신재생 에너지의 특성상 발전과 사용의 시간적 불일치가 발생할 수 있다. 이를 해결하기 위해 에

너지 저장 시스템(배터리, 수소 등)을 활용하여 에너지를 저장하고 필요한 시점에 분배한다. 이를 통해 에너지의 효율적인 활용이 가능해진다.

- 에너지 사용 모니터링 및 관리 : 신재생 마을관리 시스템은 각 가정이나 시설의 에너지 사용량을 실시간으로 모니터링하고 분석한다. 이를 통해 에너지 사용의 효율성을 평가하고 개선할 수 있으며, 에너지 절약을 도모할 수 있다.

- 스마트 그리드 관리 : 신재생 마을관리 시스템은 스마트 그리드를 구축하여 전력 수급과 수요를 조절한다. 에너지의 효율적인 분배와 전력 네트워크의 안정성을 향상시킨다.

스마트 교통편의 시스템

스마트 교통편의 시스템은 현대 도시에서 교통 편의성을 향상시키고 스마트 기술을 활용하여 교통체증을 완화하는 시스템이다. 이 시스템은 다양한 기능과 기술을 통해 교통정보 제공, 실시간 교통 상황을 모니터링, 교통 요금을 스마트폰 앱이나 NFC 기술을 통해 간편하게 결제할 수 있는 스마트 결제, 도로와 교통 인프라에 센서를 설치하여 교통 흐름을 실시간으로 모니터링 등을 종합적으로 지원한다.

스마트 건강관리 시스템

스마트 건강관리 시스템은 개인의 건강 상태를 모니터링하고 관리하기 위해 스마트 기술을 활용하는 시스템이다. 이 시스템은 사용자의 신체 활동, 생체 신호, 식습관 등을 수집하고 분석하여 개인 맞춤형 건강

정보를 제공하며, 건강 증진과 질병 예방에 도움을 준다.

산사태 예·경보 시스템

산사태 예·경보 시스템은 산악 지역에서 발생할 수 있는 산사태 위험을 사전에 예측하고 경보를 제공하는 시스템이다. 산사태는 지나치게 많은 비가 내려 토양이 포화되거나 지형이 부식되어 발생할 수 있으며, 인명이나 재산에 큰 피해를 줄 수 있다. 따라서 이러한 위험을 사전에 인지하고 대처하기 위해 산사태 예·경보 시스템이 개발되었다.

이 시스템은 다양한 센서와 감지 장치를 활용하여 지형의 변화, 강우량, 지하수 수위 등을 모니터링한다. 이 데이터를 실시간으로 수집하고 분석하여 산사태 발생 가능성을 예측하며, 필요한 경우 경보를 발령한다.

김해시 진영읍 스마트빌리지 적용도

06 제주 제주시

제주특별자치도는 스마트빌리지 사업으로 4차 산업혁명 혜택을 농어촌에서 향유할 수 있도록 지능정보기술을 접목해 지역 현안 해결과 생활환경을 개선하고 이를 통해 편의성 향상 및 관광 활성화를 도모하는 목표로 스마트빌리지 사업을 시작하였다.

이를 위하여 제주시 구좌읍에서 'ICT융합 기반 주민참여 체감형 커뮤니티 케어 서비스'를 추진했다. 제주도는 제주도청과 제주시청, 구좌읍 사무소 등 여러 ICT 사업자가 함께했으며 유일하게 도 단위에서 참여한 사업이기도 하다.

제주특별자치도는 스마트빌리지 사업을 가장 활발하게 진행하는 지자체 중 하나이다. 그리고 스마트시티 챌린지(지방정부, 민간기업, 대학 등이 협력하여 교통, 에너지, 환경, 안전 등 다양한 분야에서 도시 문제를 해결하는 경쟁방식의 공모사업) 등 다양한 국가 공모사업에도 열심히 참여해 우수한 성과를 내고 있기도 하다.

제주도는 세화리, 상도리, 종달리, 하도리, 송당리 등 5개리를 기본 스마트빌리지 사업지로 선정하였다. 그리고 세부 사업으로 ① 스마트 쓰레기통 서비스, ② 양방향 어르신 소통 돌봄 서비스, ③ 해녀 안전 모니터링 서비스, ④ 지능형 정보공유 플랫폼 서비스, ⑤ 자율주행 셔틀 운행 서비스를 진행했다.

제주시 스마트빌리지 개념도

스마트 쓰레기통 서비스

스마트 쓰레기통 서비스의 사업 목표는 IoT 기반 맞춤형 스마트 클린 하우스(환경 관리와 폐기물 처리를 혁신적으로 개선하는 시스템) 관리 솔루션 도입과 운영이었으며, 적재량 감지용 카메라 모듈 센서를 개발해 총 371개의 제품을 설치했다.

특히, 제주시의 스마트 쓰레기통 서비스는 2019년 무안군의 스마트빌리지 사업에서 적재량 감지 센서와 태양광 압축 쓰레기통, 차량 위치추적 장치 등 3종을 운영하던 것과 달리 제주도에서는 기능을 개선해서 제작하였다. 제주시의 스마트 쓰레기통 서비스의 특징은 이미지 모듈이 탑재된 적재량 감지 센서를 현장의 요구에 맞춰 클린하우스와 영농폐기물, 불법 쓰레기 등 다양한 환경에 적용했다.

제주시의 스마트 쓰레기통 서비스는 당초 5개리의 클린하우스를 대상으로 시행하려고 하였으나 지역주민의 호응도가 높아서 12개리의 클린하우스와 영농폐기물 집하장, 재활용 도움센터 등으로 확대 적용하기도 했다.

양방향 어르신 소통 돌봄 서비스

양방향 어르신 소통 돌봄 서비스는 어르신과 돌봄자가 서로 소통하고 상호 작용할 수 있도록 돕는 서비스를 말한다. 기존 일방적인 돌봄 방식과 달리, 어르신의 의견과 감정을 존중하고, 적극적인 소통을 통해 어르신의 삶의 질을 향상시키는 데 초점을 맞춘다.

제주시의 양방향 어르신 소통 돌봄 서비스는 제주시 구좌읍 내 100명의 독거노인에 대한 IoT 기반 원격 케어 시스템을 구축하는 것을 목표로 했다. 이를 위하여 120대(유지보수용 20대 포함)의 소통 박스를 제작해 100대를 설치했으며. 그리고 긴급 상황 호출 지원 및 댁내 정보 전달체계 및 대상자 모니터링 플랫폼을 개발해서 보급하였다. 또한 생활 보호 사용 애플리케이션과도 연계해 보다 손쉽게 소통하고 다양한 데이터를 관리할 수 있도록 했다.

지오펜싱 기반 주거환경 보안

지오펜싱 기반 주거 환경 보안의 핵심은 해녀 안전 모니터링 서비스의 개발과 구축이었다. 지오펜싱은 지리적 경계를 설정하고 이를 감지하여 경계를 침범한 경우 알림을 보내는 시스템을 말한다.

제주도의 특성을 반영해 고령 해녀들의 조업 중 심장마비 등 안전사고에 대비한 관리가 필요함을 느끼고 이를 해결하고자 해녀 안전관리 서비스를 추진했다. 먼저 IoT 디바이스 80대를 통해 해녀들의 잠수 시간과 깊이, 위치 등 개인별 잠수 데이터를 수집하고 모니터링해 사전 혹은 실시간으로 해녀의 안전사고 방지 방안을 마련하고자 하였다.

이를 위하여 제주도는 해녀 개인별 잠수 시간과 깊이, 위치 등을 모니터링하고 수집할 수 있는 숨비 시계(해녀 시계)와 숨비 충전기를 제작해 86명의 해녀에게 보급했다. 또한 해녀 안전 모니터링 페이지를 제작해 해녀 안전사고 방지에 힘쓰고 있다.

숨비 시계

지능형 정보공유 플랫폼 서비스

지능형 정보공유 플랫폼 서비스 통해서는 지능형 공유 게시판과 병의원 제증명 발급 키오스크를 통해 8개의 공공정보 서비스(제주 소식, 구좌소식, 날씨, 뉴스, 농업정보, 구좌읍 현황, 마을 현황, 마을 공지)와 3종의 병의료 제증명서 발급을 시행했다.

자율주행 셔틀 활용 운행 서비스

제주도의 가장 대표적인 서비스로는 '자율주행 셔틀 서비스'를 꼽을 수 있다. 자율주행 셔틀 활용 운행 서비스는 해녀박물관과 세화항포구를 오가는 자율주행 셔틀을 시범운행하는 것이 주요 내용이다. 먼저 코로나 19 대응을 위해 정류소 내에 탑승객 발열감지 장치와 QR코드 인식 장치를 설치했다. 그리고 전기기반의 자율주행 셔틀을 도입해 주민과 관광객을 대상으로 해녀박물관과 세화항 포구를 잇는 관광지를 중심으로 자율주행 셔틀을 개발·확대를 계획했다.

자율주행 셔틀은 최대 30㎞의 속도로 운행하며 5G, GPS 등을 통해 주행 소프트웨어 알고리즘과 관제 소프트웨어를 개발해 시범운행을 진행해 자율주행 레벨 3.5단계에 성공했으며 성능과 성과를 보완해 나가고 있다.

이외에도 지역의 문제를 개선하고 코로나19 팬더믹 시기에는 코로나 19 상황을 대응하기 위해 선제적인 지능정보 기술을 활용하였다. 그리고 현재는 지능형 정보공유 플랫폼 서비스, 양방향 소통 어르신 돌봄, 스마트 쓰레기통 서비스 등을 추진하고 있다.

07 전남 강진군

전라남도 강진군은 산업 구조의 열악함과 자연 활용의 미진, 생활 여건 열악 등 강진군 내의 고유 지역 문제를 해결하기 위하여 스마트빌리지 사업을 진행하였다. 강진군은 이를 위하여 2020년부터 24억원(정부 출연금 18억 5,000만원, 민간 부담금 5억 5,000만원)을 투입하여 강진읍을 대상으로 '스마트 청자골 1번지' 프로젝트를 추진하였다.

강진군 강진읍 스마트빌리지 개념도

강진군의 스마트빌리지 사업의 세부 사업은 농장맞춤형 생산성 향상 서비스, 생활 폐기물 제로화 및 에너지화 서비스. 지능형 영상 보안관 서비스. 사이버 청자도예 공방 서비스 등 5개의 서비스를 개발·보급하고 있다.

농장맞춤형 생산성 향상 서비스

농장맞춤형 생산성 향상 서비스는 시설원예와 노지 농장에서 기상·환경·병해충 정보를 자동 수집해 전남농업기술원으로 정보를 전송하고, 이를 분석해 농작물의 이상 징후 및 방제정보·조치사항을 농가의 스마트폰으로 실시간으로 알려주는 서비스이다.

이를 위하여 강진읍은 노지와 시설 등 농장 60호에 IoT 센서를 설치해 CO_2, 온·습도, 토양수분 등 농작물의 생육환경 데이터를 수집하고 이상 징후를 실시간으로 진단함으로써 농작물의 생육 상태 등의 분석 결과를 제공했다. 또, 병해충 이미지를 수집하는 측정 장치를 20개소에 설치해 병해충 방재 시기 등의 정보를 실시간으로 제공하고 있다.

생활 폐기물 제로화 및 에너지화 서비스

강진군에서 배출되는 생활 쓰레기 중, 기존의 수거·처리 시스템에서 제외되고 있는 미분류 폐기물을 전량 자원으로 재활용하는 에너지화 서비스를 구축하였다.

이를 위해 강진군 내 마을회관 16개소에 스마트 폐기물 수거함 설치, 환경정화센터 1개소에 자원화 열분해 장비 시스템을 구축하여 운영하였다. 스마트 폐기물 수거함별 적재량을 분석하여 수거가 필요한 시기에

폐기물을 수거하고, 이를 열분해하여 정제유를 제조하여 판매하고 있다. 정제유는 가연성 폐기물을 소각하지 않고 산소와 접촉이 없는 상태에서 400℃ 이하의 저온으로 분해하는 방식으로, 유증기를 상온 응축하여 정제유를 회수하는 기술 적용하였다. 실제로 생활 쓰레기 수거량 약 3,000kg이며, 열분해유(정제유) 약 1,500kg을 자원화하였다.

수집한 폐기물을 저온 분해해 정제유로 자원화하고 재판매함으로써 판매 수익을 창출하는 효과를 거두었으며 수익을 사업추진 비용으로 활용하고 있다.

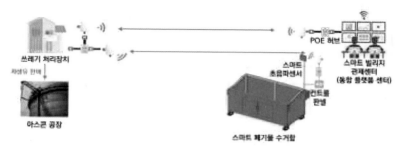

스마트 폐기물 수거 운영 시스템

환경오염 실시간 측정 및 초동 대응 서비스

환경오염 실시간 측정 및 초동 대응 서비스는 강진읍 거점지역 4개소에 초미세먼지 등의 상황을 측정하는 장치를 설치하고, 주민들의 스마트폰으로 현재의 미세먼지 상황 등을 자동 전송한다. 또한, 거점지역에 인체에 무해하고, 무색무취인 항바이러스 약품을 초미세 분사해 일정지역을 바이러스 청정지역으로 만든다.

지능형 영상 보안관 서비스

지능형 영상 보안관 서비스는 CCTV-가로등 일체형 시스템으로, 특정 행동을 인식·분석하고 위급상황을 서비스 센터로 자동 전송하여, 각종 범죄나 사건·사고로부터 주민의 안전을 책임진다.

스마트 가로등

사이버 청자 도예 공방 서비스

사이버 청자 도예 공방 서비스는 관광객들이 강진을 방문하지 않고도 AR 시스템을 이용, 청자를 제작할 수 있도록 하였다. 앞으로 공방에 구입 정보를 전송·택배로 받게 되는 원스톱 청자 쇼핑 시스템을 구축할 예정이다.

08 충북 청주시

2021년 스마트빌리지 확산 서비스 공모사업을 신청해 최종 선정되었다. 스마트빌리지 보급 및 확산 사업은 농식품부와 해수부가 지정한 일반 농산어촌마을 연계 사업을 대상으로 한다.

청주시는 전국 50만 이상 도시 중 2번째로 면적이 넓은 도농복합형 도시로 농촌 인구의 유출로 인해 농업 기반 붕괴가 우려되는 상황을 해결하기 위하여 스마트빌리지 사업을 시작하였다. 청주시는 농촌 인구 감소 및 고령화 문제 해소와 스마트 영농기반 마련을 위해 ICT 기술을 접목한 '자율작업 농기계(트랙터) 임대 서비스'를 제안해 선정됨에 따라 국비 8억 9,200만원을 지원받았다. 청주시는 지원받는 국비에 지방비(시비 7,925만원, 도비 7,925만원)를 더해 사업을 추진하였다.

주요 사업 내용은 자율주행, 장애물 감지, 변속 기능 등의 자율작업 기능을 갖춘 트랙터를 도입하고, 트랙터의 작업 상태와 고장 여부 등을 실시간으로 모니터링하기 위한 원격관리 시스템 등 연관된 서비스를 구축하였다.

자율작업 트랙터는 위치정보를 활용해 농지에서의 자율작업 서비스를 구축하고 운행 정보와 고장정보를 앱과 시스템을 통해 실시간 모니터링 서비스를 제공한다. 이를 위하여 5대의 자율작업 트랙터를 임대해 '자율작업 트랙터 원격 모니터링 시스템 구축'을 통해 트랙터에 문제 발생 시 사용자 및 관리자에게 실시간 문자 알림서비스 제공 등을 통해 임차인에게 최적 상태의 자율작업 트랙터를 제공할 수 있는 체계를 구현하였다.

　또한 데이터 분석을 통해 트랙터의 고장원인을 파악하고 고장 주기 및 수리시간 등도 분석한다. 청주시는 이 사업을 통해 지역 농촌의 작업 환경을 개선하고, 향후 충청북도 전 지역으로 확대해 나가고 있다.

자율작업 농기계 트랙터와 실시간 모니터링

09 전남 신안군

　　전남 신안군은 과기부의 스마트빌리지 공모사업에 2021년과 2022년에 걸쳐 2년 연속 선정돼 국비 총 13억 5,000만원을 확보해 스마트빌리지 사업을 연속 추진했다. 주요 사업 내용으로는 갯벌어장의 드론·인공지능 기반 낙지 자원량 파악, IoT기술과 지능형 CCTV를 활용한 불법조업 감시 및 알람 서비스, 갯벌환경 모니터링 원격시스템 구축 등으로 효율적인 자원 관리와 남획을 방지하기 위한 기반을 마련했다. 신안군의 구체적인 스마트빌리지 사업을 보면 다음과 같다.

낙지 자원 관리

　　낙지가 어민의 주 수입원 중 하나인 전남 신안군은 무인기(드론)과 인공지능 이미지 인식기술을 활용하여 갯벌의 낙지 자원량을 산정하고, 지능형 폐쇄회로 텔레비전(스마트CCTV)을 통해 불법 낙지 조업 활동을 감시하는 '갯벌어장 스마트 낙지 조업 지원 서비스'를 구축하였다.

　　'갯벌어장 스마트 낙지 조업 지원 서비스'의 원리는 신안군은 낙지 자원 관리를 위해 낙지의 숨구멍인 부럿의 개체 인식을 통해 낙지 생산량을 추정하는 시스템을 구축하였다. 또한, 드론을 활용하여 낙지 서식지를 조사하고, 불법조업을 감시하는 시스템을 구축하였다.

2021년 첫해 사업대상지로 도초면 갯벌어장을 선정, 낙지 자원 관리와 어업인의 안전을 확보하기 위한 갯벌어장 상세 지형도를 작성, 낙지의 숨구멍인 부럿의 개체 인식을 통해 자원 관리와 안전관리의 초석을 쌓았다. 2022년도에는 자원 관리 대상지 확보 차원의 계속사업으로 선정하여 사업대상지를 지도, 압해, 하의, 안좌, 암태로 추가 확대하였다. AI기반의 지능형 낙지자원 관리 고도화 사업은 독특한 스마트빌리지 사업으로 과기부와 지역 어민들에게 좋은 평가를 받을 수 있었다.

갯벌어장 스마트 낙지조업 지원서비스

어업인의 안전 확보

신안군은 어업인의 안전 확보를 위해 스마트 어선 관리 시스템을 구축하였다. 이 시스템은 어선의 위치, 속도, 기상정보 등을 실시간으로 모니터링하여 어업인의 안전을 확보하는 데 기여하고 있다.

신안군은 스마트빌리지 사업을 추진하여 낙지 자원 관리, 어업인의 안전 확보, 주민 생활 편의 증진 등에 기여하였다. 신안군의 스마트빌리지 사업은 주민의 삶의 질 향상과 지역 문제 해결에 기여하는 데 성공적인 사례로 평가받고 있다.

이로 인해 2023년 과학기술정보통신부의 스마트빌리지 '드론·AI 기반의 지능형 낙지자원 관리 고도화'의 평과결과 우수등급으로 평가받았다.

신안군은 스마트빌리지 사업을 지속적으로 추진하여 지역사회의 디지털화를 가속화하고, 주민의 삶의 질을 향상시키기 위해 노력할 계획이다. 특히, 2024년에는 인공지능(AI)을 기반으로 한 스마트 어업 기술을 개발하여 어업 생산성을 높이고, 어업인의 소득증대에 기여할 계획이다.

10 경남 거제시

  경상남도 거제시는 2021년 스마트빌리지 서비스 발굴 및 실증사업 공모에 최종 선정되어 국비 6억원을 확보했다. 스마트빌리지 사업은 거제시와 민간 기업 3개사로 구성된 거제시 컨소시엄을 통해 사업을 제안하여 2차례의 심사를 통해 최종 선정되었으며, 총사업비 9.3억원(국비 6억원, 시비 1억원, 민간기업 2.3억원)을 투입하여 사업대상지인 거제시 남부면에 최신 ICT 기술인 인공지능과 사물인터넷 등의 기술을 활용, 어르신 스마트 돌봄 서비스와 스마트 주차 정보공유 서비스를 구축하는 사업이다.

  거제시 지문인식을 통해 1분 만에 건강 체크가 가능한 어르신 지능형 돌봄 서비스와 지역 관광지에 대해 폐쇄회로 텔레비전(CCTV)만으로도 주차 가능 대수 정보를 제공할 수 있는 인공지능 기반 스마트 주차 정보 서비스를 구현하는 '돌봄과 공유로 더불어 행복한 지능형마을(스마트빌리지)' 과제를 추진하였다.

스마트 헬스케어 시스템

거제시는 남부면에 거주하는 주민들을 대상으로 혈압, 혈당, 체중, 심박수 등의 건강 데이터를 수집하고, 이를 분석하여 건강관리를 지원하는 스마트 헬스케어 시스템을 구축했다. 또한, 주민들이 건강관리에 필요한 정보를 제공하는 스마트 건강관리 서비스를 제공하고 있다. 스마트 건강관리 서비스는 주민들이 건강관리에 필요한 정보를 제공하고 있다.

어르신 스마트 돌봄 서비스

어르신 스마트 돌봄 서비스는 남부면 소재 11곳의 경로당에 지문인식을 통해 1분 만에 생체 건강검진 정보를 분석할 수 있도록 하였다. 이를 위하여 정보인식기, 혈압측정기 등을 통해 어르신들의 개인별 건강 상태를 수시로 체크하며, 80세 이상 독거노인과 중증장애인 등 취약계층 150세대에 환경감지 지능형 센서를 설치하여 특이동향을 사회복지사와 보건소, 소방서 등에 통보하여 신속한 대응이 가능하도록 시스템을 구축하였다.

남부면에 거주하는 독거노인 144명을 대상으로 IoT 센서를 설치, 개인의 기초 생활 반응 데이터 수집을 통해 취약계층 고독사 예방과 안전사고 신속 대응에 효과를 봤다.

지능형 CCTV 설치

지능형 CCTV는 스마트 CCTV로 AI 영상분석 인식률의 정확도가 95.3%로 객체 및 위치 메타데이터 생성 후 혼잡도 정보, 차량 입·출입 수량 정보를 제공한다. 이를 통하여 주요 쓰레기 불법투기 장소에 지능형 CCTV를 설치해 불법투기 모니터링 서비스를 구현, 투기자 접근 시 LED 전광판 및 경고 안내로 쓰레기 불법투기를 예방했다. 딥러닝 알고리즘을 적용한 AI 영상 감지 솔루션을 이용해 무단 투기자의 실시간 모니터링 및 현황 분석 서비스를 제공했다.

스마트 교통관제 시스템

지역 관광지에 대해 CCTV만으로도 주차 가능 대수 정보를 제공할 수 있는 인공지능 기반 스마트 주차 정보 서비스를 구현하였다. 이를 통하여 수국축제와 근포마을 땅굴 등 풍부한 관광자원을 가진 남부면 관광지 주변 5곳의 주차장에 대한 실시간 주차 및 교통정보를 제공하는 주차 정보공유 서비스 구축으로 교통 정체의 예방적 해소와 관광객의 방문 편의를 제공하고 있다. 거제시가 제공하는 스마트 교통관제 시스템은 교통 혼잡을 해소하고, 교통안전을 확보하는 데 기여하고 있다.

전체 주차장 685면 중
CCTV 영상분석 인식 주차면
653면 (인식율 95.3%)

AI 주차면 영상분석 솔루션

11 경남 창원시

　창원시는 2021년 '우리마을 스마트 모빌리티 안전 서비스'라는 과제명으로 스마트빌리지 사업을 수행하였다. 주관기관 한국지능정보사회진흥원으로부터 '우수' 평가 결과를 받았다.

　공모사업은 정부출연금 8억 9,000만원을 지원받아 진행됐으며, 컨소시엄 방식 지원 대상으로 시가 주관하고, 교통서비스 구현 사업의 경험이 많은 한국교통안전공단 경남본부와 IT 시스템 개발 전문업체인 민간기업 ㈜다누시스, ㈜인플랩이 참여했다.

　경상남도 창원시 동읍은 농기계 사고 1위(2019년)라는 오명을 벗고자 농기계 사고 해결을 위해 트랙터와 경운기 등 농촌 모빌리티에 운행 데이터 수집 장치를 부착하고, 수집 장치의 데이터와 지오펜스(지리적(Geographic)와 울타리(Fence)의 합성어로 위치 기반 서비스를 통해 가상의 울타리를 설정하는 것)를 결합해 사고 발생에 즉시 대응하는 '우리마을 스마트 모빌리티 안전 서비스'를 추진하였다.

스마트 모빌리티 안전서비스

창원시가 제안한 우리마을 스마트 모빌리티 안전 서비스 사업은 농촌 모빌리티 사고가 갈수록 심각해지는 농촌지역의 교통위험을 해결하고자 ICT 기술을 활용한 스마트 서비스 모델을 발굴하고 실증하는 사업을 추진하기 위해 의창구 동읍 석산리 석산마을과 마룡마을을 대상으로 추진됐다.

스마트 모빌리티 안전 서비스는 4종의 교통안전 서비스 장치(스마트 CCTV, 스마트 전광판, 스마트 반사경, 델리웨이브)를 대상지 마을을 통과하는 지방도 30호선의 사고 다발 구역, 사고 유발 지점에 설치하여 보행자, 운전자에게 알림을 주어 방어 보행, 방어운전을 유도함으로써 사고를 사전에 예방할 수 있도록 도움을 주는 서비스이다.

의창구 동읍 석산리 석산마을과 마룡마을을 대상으로 스마트 모빌리티 안전 서비스 사업을 추진하였다. 이 사업은 마을 내 교통사고 위험 구간에 AI 기반 스마트 CCTV를 설치하여 사고를 예방하고, 안전사고 발생 시 신속하게 대응하는 시스템을 구축하였다.

관제 및 e-call(사고 긴급 알림) 서비스

관제 및 e-call(사고 긴급 알림) 서비스는 대상마을 내 농촌 모빌리티(경운기, 트랙터, 1톤 트럭 등 농촌의 주요 이동 수단을 지칭)에 운행데이터 수집 장치를 장착하여 사고 발생 시 관제시스템으로 사고 이벤트를 전송함으로 골든타임 내 사고 대응 및 2차 사고를 방지할 수 있도록 도움을 주는 서비스이다.

관제 및 e-call(사고 긴급 알림) 서비스는 보행자 및 운전자용 안전 정보 알림 서비스를 통해 농촌 지역의 농기계 운행 안전 특히 고령자의 도로 이용 시 안전을 확보할 수 있다.

스마트 모빌리티 안전 서비스

12 전남 장성군

　전라남도 장성군은 2021년도 스마트빌리지 사업에 '인공지능 기반 옐로우시티 주민행복 소득형 마을(빌리지)'라는 주제로 선정되었다. 사업비는 총 8억원(국비 6, 참여기업 2)을 들여 추진됐다. 사업에는 IT 전문 업체인 ㈜유오케이, ㈜리눅스아이티, 에이치엠테크놀로지가 참여했다.

　사업의 세부 내용은 농기계 관리의 편리성을 제공하기 위하여 농기계 관리 시스템을 구축하고, 지역민의 소득 증대를 위해 인공지능 기반 과일선별기를 개발하고, 관광객 증대를 위하여 증강현실(AR) 기반의 관광 서비스 등을 구축하였다.

농기계 관리 시스템 구축

　장성군은 농업 현장의 문제점을 첨단 기술을 활용해 해결하기 위하여 농기계 대상 QR코드를 부여하고, GPS 이용 웹(Web)을 통한 농기계 관리 스마트화를 추진하였다. 또한 농기계에 대한 사후 관리, 농기계 공급 대장에 필요한 기능을 구현하여, 농기계 사후관리 데이터 클라우드화를 통한 통합 데이터 셋을 구축하였다.

이를 이하여 장성군이 지원 사업으로 보급 중인 동력분무기, 트랙터 로우더 등 소형 농기계와 지게차, 농업용 동력운반차, 농산물 건조기 등 사후 관리가 필요한 장비들을 등록했다.

농기계에 부착된 QR코드를 휴대폰으로 스캔하면, 별도의 어플리케이션 설치 없이 바로 사용자 화면으로 연결되어 기기 정보를 열람할 수 있다. 또 사고 발생 시 응급신호 버튼을 누르면 사고 장소와 농기계 정보가 119상황실에 즉시 전송되어, 신속한 현장 조치를 펼칠 수 있다. 그리고 휴대폰 카메라로 해당 농기계를 촬영하면 데이터베이스(DB)와 연동되어, 장비의 사후관리대장이 자동 생성된다.

농가, 농기계에 QR코드를 부착하여 농업인 누구든지 스마트폰으로 쉽게 사용 가능하고, 농기계 안전사고 발생 시 119와 신속히 연계하는 스마트 농촌 인프라를 구축하였다. 이로 인해 사고 신고 및 119 다매체 신고시스템으로 초동 현장 대응이 가능해졌다. 신고시스템은 전국 소방본부 상황실에서 운영 중인 전화 외 영상, 문자 등으로 119 신고를 접수하는 시스템이다. 이로 인해 2020년 기준 장성군 농기계 사고 건수 사망 4건, 부상 20건 등으로, 인명피해 최소화하였다.

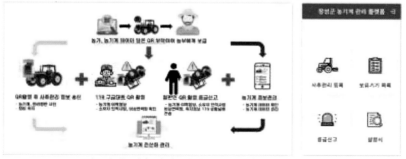

농기계 사후관리 지원 플랫폼 운영 프로세스

인공지능 기반 과일선별기

장성군은 컴퓨터 자가학습 기술(딥러닝)을 활용해 사과와 토마토 2개 품목을 과실 상태에 따라 자동으로 선별하는 기기를 제작했다. 이를 위하여 지역민의 소득 증대를 위해 토마토와 사과 등 다양한 농산물의 크기 선별과 품질 판독까지 가능한 인공지능 기반 공장식 농장(팜팩토리) 서비스를 개발·운영하고 있다.

증강현실 기반 스마트빌리지 관광사업

증강현실 기반 스마트빌리지 관광사업'은 장성의 대표 관광지인 황룡강과 장성호 수변길에 총 5개의 증강현실 체험 시설을 설치하는 사업이다. 이를 위하여 황룡강, 장성호 일원 5개소에서 증강현실(AR) 체험과 도보 관광 내비게이션 서비스를 제공하고 있다.

지점마다 설치되어 있는 안내판 속 QR코드를 스마트폰으로 스캔하면 상상 속에서나 가능할 법한 장면들이 눈 앞에 펼쳐지게 된다. 황룡강 힐링허브정원의 벽화 속 소녀가 살아나 꽃에 물을 주고, 서삼장미터널 인근에서는 귀여운 황룡이 출몰해 용돈을 뿌려 준다. 공설운동장 '옐로우시티 스타디움'의 배경으로 하늘 가득 노란 꽃비가 내리고, 은행나무수국길에 가면 소원을 들어주는 은행나무를 만날 수 있다. 장성호 수변길 옐로우출렁다리에서는 환상적인 '행운의 무지개'와 마주할 수 있다. 관광객들의 여행을 돕는 콘텐츠도 풍성하게 마련됐으며 증강현실에 기반을 둔 내비게이션 서비스가 운영돼, 황룡강 꽃길을 걸을 때 도보 경로와 방향을 알려준다.

또한 장성 8경과 장성호 수변 길에 얽힌 이야기를 음성 해설로 들을 수 있는 '오디(Odii)' 서비스도 제공되며 장성 전 지역이 담긴 '스마트 관광 전자지도'도 볼 수 있어 편리하다. 특히 벽화 속 소녀 그림이 살아나 꽃을 피우고, 장성호에 무지개가 드리워지는 등 관광객들에게 환상적인 체험 기회를 제공하고 있다.

증강현실 기반 스마트빌리지 관광

13 대전 유성구

유성구는 2016년부터 전국 최초로 ICT경로당을 구축, 현재 20개소를 운영 중이다. 그동안 운영하면서 느낀 문제점이나 필요한 사업을 바탕으로 과학기술정보통신부 주관의 스마트경로당 구축 공모사업에 응모, 최종 선정될 수 있었다.

유성구는 관내 연구단지 및 9개 대학 등 훌륭한 인프라를 갖추고 있어 ETRI(한국전자통신연구원)에서도 구축과 관련한 협조를 조율하였다. 대학의 자원봉사자, 연구기관의 시스템 운영 조언, 국민건강공단의 건강 교육 및 프로그램 제공 등 관·학·연이 협업하여 사업을 진행했다.

스마트경로당 구축 사업은 경로당이 코로나19로 대부분 폐쇄된 것을 계기로, 경로당에 ICT 기반 비대면 인프라와 콘텐츠를 확충해 여가·복지 서비스를 중단 없이 제공하고자 새롭게 기획된 사업이다.

스마트경로당은 어른신들이 모여 휴식 또는 식사하는 공간으로의 경로당에 ICT(정보통신기술)를 접목, 다양한 서비스를 제공하는 기능을 한다. 따라서 스마트경로당 구축 사업은 노년의 시간을 보낼 경로당을 좀 더 즐겁고 생산적인 공간으로 만들기 위해, 디지털 기술을 활용하여 다양한 교육, 오락, 생활정보 등을 제공하고 건강관리까지 가능한 공간으로 탈바꿈하는 사업이다. 스마트경로당은 노인복지 전초기지로써 ICT를 기반으로 어르신들 삶의 질을 높이는 통로가 되고 있다.

이를 통해 노인 여가·복지 서비스 수준을 높여 '돌봄 신시장'을 창출할 뿐만 아니라, 어르신들이 친숙한 공간에서 스마트 기기와 지능정보기술을 일상적으로 사용함으로써 고령층의 디지털 격차 완화에도 기여하고 있다.

스마트경로당 구축 사업의 내용은 ① 어르신들의 참여율과 반응도를 빅데이터로 분석하여 이를 반영한 맞춤형 비대면 여가복지 프로그램을 제공하고, ②보건소와 연계한 어르신 스마트 건강관리 서비스 제공, ③ 디지털 사이니지를 활용한 구청 소식·날씨 등 생활정보 제공 서비스 제공을 목표로 기획되었다.

비대면 여가복지서비스

비대면 여가복지서비스를 위해 경로당 65곳에 화상회의 시스템을 구축, 양방향으로 소통이 가능하다. 각종 회의, 오락, 교육 등의 프로그램을 제공한다.

구축된 화상회의 시스템을 통해 회의, 복지상담, 교육, 여가 교육 등을 진행한다. 복지상담은 각 동 사회복지사가 정해진 날짜에 화상으로 경로당 어르신과 상담을 진행한다. 어르신이 처음에는 어색할 수 있지만, 정해진 날짜에 담당자와 지속적인 만남을 통해 일상에서 놓칠 수 있는 소소한 복지혜택까지 챙길 수 있다.

화상교육은 기존의 건강 위주의 교육에서 분야를 확대하여 진행하고 있다. 특히 어르신들이 일상에서 스마트 기기를 활용할 수 있도록 쉽고 반복적으로 교육을 진행한다. 또한 경로당별 노래대회, 컴타 경연대회, 온라인 윷놀이 등 어르신들을 위한 맞춤형 놀이도 추진하고 있다.

비대면 여가복지 서비스

스마트 건강관리 서비스

스마트 건강관리 서비스는 개인이 스스로 건강관리를 할 수 있도록 건강관리 시스템을 구축하였다. 이를 통하여 어르신들이 신체 건강관리를 위해 비접촉으로 혈압, 맥박, 체온, 산소포화도를 측정하여 지속적인 건강관리를 해드리고 있다.

경로당에 들어서면 디지털 사이니지 기기가 혈압, 맥박, 산소포화도, 체온을 체크해 준다. 비접촉으로 측정되며, 얼굴인식을 통해 개인의 측정된 건강 데이터를 저장 후 어르신이 직접 확인이 가능하다. 기존의 자판으로 확인하는 방식은 번거롭고 어렵지만, 비접촉 안면인식 방법은 쉽고 빠르게 측정이 가능하다.

'AI아바타 내 친구'라는 프로그램을 통해서는 어르신마다 각각의 아바타를 구축하고 그 아바타와 대화를 통해 치매를 진단하게 된다. 치매 어르신 뿐 아니라 어르신들 모두 이용하며 기억을 학습하고, 유머나 수수께끼 등을 풀며 비밀스런 '내 친구'를 만들 수 있다. AI아바타를 통하여 어르신들의 치매를 진단하고 대화의 즐거움을 찾도록 서비스를 제공하고 있다.

스마트 건강관리 서비스

스마트 생활정보 서비스

스마트 생활정보 서비스로는 날씨 및 교통정보, 유성구 소식 등을 제공한다. 디지털 사이니지를 통해 날씨, 건강 상식, 대중교통 실시간 정보 등 생활에 필요한 정보를 실시간으로 제공한다. 그리고 관리자 계정을 통해 다양한 구정 소식도 접할 수 있다. 그동안은 정보 부족으로 다양한 서비스를 놓칠 수 있었지만, 스마트경로당을 통해 정보공유가 가능해졌다.

어르신들은 디지털 소외계층으로 편리해진 디지털 세상을 누리지 못할 수도 있다. 따라서 일상생활에서 반복적으로 디지털을 접하고 사용할 수 있는 환경 마련이 중요하다. 또한, 찾아가는 방문 정보화 교육, 스마트 5060청춘대학 등 맞춤형 디지털 교육을 추진, 다가온 미래 사회에 디지털 소외계층 없이 모든 구민이 디지털 혜택을 누리도록 '유성형 디지털 포용 정책'도 추진하고 있다.

아무래도 어르신들은 화상으로 수업에 참여하다 보니 따라 하기 어려운 경우가 발생한다. 특히 컴타 대회나 전산 교육을 따라 하기 어려워 보조 인력이 필요하다. 그리고 스마트경로당에 구축되는 디지털 사이니지 역시 적잖은 어려움이 예상된다. 이에 비대면 화상회의, 교육 진행, 시스템 사용 등 옆에서 지속적으로 도와줄 수 있도록 경로당 65개소에 1~2명의 어르신 도우미 인력을 배치할 예정이다.

14 경기 부천시

부천시는 '스마트경로당 운영을 통한 여가·돌봄·공동체 형성사업'이 과학기술정보통신부 스마트빌리지 우수사례로 선정되었다.

부천시는 2021년부터 스마트경로당 45곳을 구축하고, 정보통신기술(ICT) 화상 플랫폼을 이용해 여가·건강 등 다양한 비대면 프로그램을 운영하고 있다. '부천형 스마트경로당'은 전국 21개 지자체에서 벤치마킹을 다녀가는 등 스마트경로당의 표준모델로 자리 잡아 가고 있다.

스마트경로당 프로그램의 종류는 정보통신기술(ICT), 화상플랫폼을 이용한 비대면 여가·건강프로그램 사물인터넷(IoT) 헬스케어, IoT 스마트팜 등 3가지로 구성돼 있다.

ICT 화상플랫폼을 이용한 비대면 여가·건강프로그램

ICT 화상플랫폼을 이용한 비대면 여가·건강프로그램은 주 5일 1시간씩 인터넷 강의형식으로 진행된다. 실버로빅, 밸런스워킹, 웃음치료 등 어르신 맞춤형 여가 프로그램과 의사, 약사 및 간호사 등 의료분야 전문가들의 건강프로그램으로 구성돼 있다.

2021년 상반기 비대면 여가·건강프로그램에는 매일 400명의 어르신이 참여해 총 72회, 28,532명의 어르신이 참여했다.

ICT 화상플랫폼을 이용한 비대면 여가·건강프로그램

IoT 헬스케어

IoT 헬스케어는 어르신이 경로당에서 혈압, 혈당, 체성분, 체온을 측정해 건강수치를 알고 스스로 관리하는 능력을 키울 수 있도록 돕는다. 그리고 부천시 작은보건소인 '100세 건강실'에 내방해 측정된 수치 이력을 근거로 건강상담을 받을 수 있다.

2021년 상반기 운영을 통해 941명의 어르신이 15,314회 건강수치를 측정하며 건강관리를 하고 있다.

IoT 헬스케어

IoT 스마트팜

IoT 스마트팜은 경로당 내에서 쌈채소를 기르고 수확할 수 있으며, 빛·바람·물을 자동으로 공급하고 온도와 조명등이 원격으로 관리된다. 2021년 상반기에는 175회 수확을 통해 1,376명의 어르신들이 중식 시간 쌈채소를 나눠 먹는 즐거움을 얻었다.

IoT 스마트팜

15 전남 고흥군

　전남 고흥군은 2022 스마트빌리지 사업'에 응모해 12개 지자체 중 1위로 선정되었다. 이에 따라 군은 사업비 4억 2,700만원(국비 3억 2,000만원, 참여기업 1억 700만원)을 확보해서 고흥군이 주관 기관으로 ㈜마린로보틱스, ㈜그린선박기술이 컨소시엄으로 참여하였다

　고흥군은 인구 고령화로 인한 수산양식 기반이 생산성 감소를 겪고 있는 고흥군은 어촌에 활력을 불어넣고 수산 양식업 분야의 실질 소득을 높일 수 있는 사업이 필요하게 되었다. 특히 고흥군 남양면 새꼬막 양식 어가들은 매년 찾아오는 오리떼의 퇴치를 목적으로 직접 배를 타고 해상에 상주하면서 호루라기, 북 등을 사용하여 오리 떼를 쫓아내고 있는 실정이며, 오리 떼로 인한 새꼬막 수확 손실은 어가당 1억원 내외로 추정된다.

　이러한 문제를 해결하기 위하여 고흥군 컨소시엄은 인력이 아닌 AI 기반으로 오리떼 출몰 알림 서비스 제공 및 오리 떼 퇴치 해상 무인 드론이 출동하는 시스템을 개발·실증하는 '인공지능(AI) 기반 새꼬막 양식장 관리 시스템'을 스마트빌리지 사업으로 진행했다.

세부 사업은 드론 및 관제 CCTV영상 카메라를 통한 꼬막 양식어장 오리 떼 객체 AI 학습데이터 및 분포시스템 구축, 새꼬막 양식어장 주변 해상부유물 제거 시스템 구축이다. AI 기반으로 오리 떼 출몰 알림 서비스 제공 및 오리떼 퇴치 해상 무인 드론이 출동하는 시스템을 개발·실증하는 사업이다.

인공지능(AI) 기반 새꼬막 양식장 관리 시스템

16 전북 진안군

　전북 진안군은 2022년 스마트빌리지 사업에 선정돼 국비 10억원을 확보했다. 진안군은 'AI기반 스마트 주민생활지원 ontact 서비스(주민생활통합지원시스템 구축)'를 스마트빌리지 사업으로 선정하였다.

　주민생활통합지원시스템은 진안군에서 자체적으로 기획한 AI 기술이 적용된 민원처리시스템으로, 군은 국비 10억원을 포함 총사업비 20억원으로 읍·면사무소·보건진료소 및 거점마을 등 38개소에 시스템을 설치하였다.

　주민생활통합지원시스템은 전용기기를 통해 음성과 문자로 각종 생활정보·복지 서비스·관광 정보 등 제공, 원격으로 민원서류 발급과 민원 신청 업무를 처리, 화상을 통해 공무원과 민원인이 직접 상담, 각종 정책에 대한 주민 여론 수렴과 생활불편 사항 신고·접수가 가능해졌다.

　대화형 AI 챗봇을 탑재한 주민생활통합지원시스템 구축으로 민원인의 행정기관 방문 불편을 줄이고, 민원 서비스 수준을 획기적으로 제고하였다.

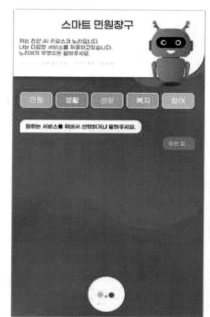
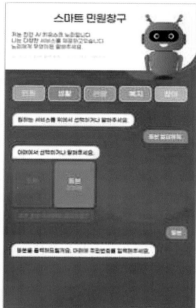

대화형 AI 챗봇

주민생활통합지원시스템의 메뉴를 보면 다음과 같다.

- 안전 : 진안읍 신기리 신기마을에 스마트 CCTV를 설치하여 범
죄 예방과 안전사고 대응을 강화하였다. 또한, 백운면 사선리
사선마을에 스마트 CCTV를 설치하여 교통사고 예방에 기여하
였다.
- 편의 : 진안읍 덕성리 덕성마을에 스마트 주차 관리 시스템을
구축하여 주차난을 해소하고, 관광객의 편의를 도모하였다. 또
한, 백운면 사선리 사선마을에 스마트 쓰레기 배출 시스템을 설
치하여 쓰레기 무단투기를 예방하고, 환경을 개선하였다.

- 건강 : 진안읍 신기리 신기마을에 거주하는 주민들을 대상으로 스마트 헬스케어 시스템을 구축하여 건강관리를 지원하였다. 또한, 백운면 사선리 사선마을에 스마트 건강관리 서비스를 제공하여 주민들의 건강 증진을 도모하였다.
- 복지 : 진안읍 덕성리 덕성마을에 거주하는 독거노인을 대상으로 스마트 돌봄 서비스를 제공하여 고독사 예방과 안전사고 대응을 강화하였다. 또한, 백운면 사선리 사선마을에 스마트 복지 서비스를 제공하여 주민들의 복지 접근성을 향상시켰다.

비대면 실시간 민원상담 서비스

17 경북 예천군

경북 예천군은 2022년 스마트빌리지 서비스 발굴 및 실증사업 공모사업에 'SMART 농작물 절도 예방 체계구축'이라는 주제로 선정되었다. 예천군의 스마트빌리지 사업은 정부지원금 6억 9,000만원을 지원받아 구축하였으며 컨소시엄 참여업체로 (재)포항테크노파크 외 3개 업체가 참여하였다.

예천군이 스마트빌리지 사업으로 'SMART 농작물 절도 예방 체계구축'을 선정한 이유는 예천군은 열악한 방범 인프라와 넓은 행정구역으로 인해 순찰 및 신속한 대응이 어렵고 경작지 및 수확물 보관창고가 주로 인적 드문 곳에 위치한 농촌 특성으로 절도 예방에 한계가 있자 똑똑한 농촌, 안전한 농촌 구현을 위해 지능정보기술을 활용한 농촌 절도 예방 체계를 구축하는데 목적이 있다.

예천군은 스마트빌리지 사업을 위해 절도 발생 빈도가 높은 호명면, 감천면 농가 지역을 대상으로 레이더 센서 기반 지능형 CCTV 설치, 태양광으로 작동하는 농기계용 블랙박스를 통해 방범 범위 확장, 비닐하우스, 과수원 등 고정 시설 복합 IoT 센서(무선 신호, 소음 감지) 기반 실시간 사람·농작물 이동 인식 등 수집 데이터를 통한 수확기 농산물 절도를 사전에 예방할 수 있도록 하였다.

사업 구역인 감천면과 호명면에 레이더, 카메라, 인공지능을 결합한 CCTV를 마을 출입로에 설치하는 것은 물론 농작물 이동을 감지할 수 있는 BLE 태그, 복합 IoT 센서, IP스피커 및 스마트 젝터 등을 설치해 수집된 데이터는 실시간 분석과 전파로 농작물 절도를 예방·관리함으로써 안전한 농촌을 만들었다.

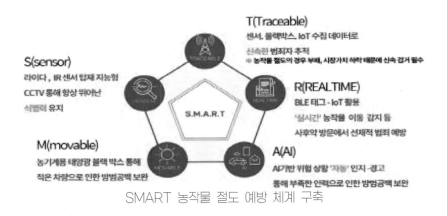

SMART 농작물 절도 예방 체계 구축

BLE 태그는 Bluetooth Low Energy(BLE) 기술을 이용하여 작동하는 작고 경량화된 전자 태그이다. BLE 태그는 주변 장치와의 무선 통신을 통해 위치 추적, 물건 추적, 활동 모니터링 등 다양한 용도로 사용된다.

복합 IoT 센서는 여러 가지 센서를 하나의 장치에 통합하여 다양한 데이터를 수집하고 전송하는 Internet of Things(IoT) 시스템에서 사용되는 센서이다. 이러한 센서는 다양한 환경에서 다양한 종류의 데이터를 실시간으로 수집하여 분석하고 활용할 수 있다.

IP 스피커는 Internet Protocol(IP) 네트워크를 통해 음악이나 오디오 콘텐츠를 재생하는 스피커 시스템이다. IP 스피커는 네트워크에 연결되어 다양한 장소에서 음악을 스트리밍하거나 통화를 진행할 수 있다.

스마트 젝터는 HDMI, USB, 무선 연결 등 다양한 방식으로 스마트 기기와 연결할 수 있다. 스마트 기기에 저장된 영상이나 이미지를 선택하여 프로젝터를 통해 큰 화면에 투사할 수 있다.

18 충북 증평군

충북 증평군은 2022년 스마트빌리지 서비스 발굴 및 실증사업의 최종 평가 결과에서 최고등급을 받았다. 증평군은 국비 7억 5,000만원과 도비 1억원을 확보해 총 14억 7,500만원 사업비로 스마트빌리지 사업을 추진했다. 이를 위해서 스마트빌리지 드론 방제 협의체를 구성하고 증평농협과 협업했다.

증평군 스마트빌리지 서비스 구현도

증평군의 스마트빌리지 사업은 도안면 일대에 4만 1,250㎡ 규모로 조성하는 체험·체류형 농촌관광휴양단지 사업과 스마트빌리지 사업을 연계해 스마트 미래농업 실현을 목표로 하고 있다.

증평군은 '드론 스테이션 기반 무인 방제' 사업을 진행해 1헥타르(ha)당 농약 방제 작업시간이 100분에서 10분으로 절약하고 농약 사용량도 30% 절감하는 성과를 냈다.

특히 스마트빌리지 사업 주요 성과 중 하나인 스마트경로당은 지역의 여러 경로당과 복지관을 양방향 온라인으로 실시간 연결해 다양한 여가·복지 프로그램을 지역 어르신들께 제공하고 있다. 과기정통부는 섬·벽지 어르신들의 건강 상담과 의료혜택 지원을 위해 스마트경로당 인프라를 활용하는 방안을 모색하고 있다. 따라서 스마트경로당이 지역 어르신들의 건강관리 거점 역할도 수행할 수 있을 것이다.

19 경북 성주군

　경북 성주군은 2022년도 스마트경로당 구축 사업에 선정되어 국비 9억 2,000만원을 확보하였다. 스마트경로당 구축 사업은 노인공동체의 주 거점인 경로당 스마트화로 복지 서비스 질을 제고하고 ICT 기반의 선도 서비스 발굴을 통한 돌봄 신시장 창출을 위한 사업이다.

　성주군은 자칫 디지털 시대에 소외되기 쉬운 어르신들을 위해 스마트 기기에 최대한 접근하기 쉬운 방법으로 스마트 건강관리 서비스, 생활정보 서비스, 비대면 여가·복지 서비스를 제공하고 있다.

　특히, 문해력이 떨어지는 어르신들을 위한 문자인식 글 읽기 서비스 제공을 통해 코로나와 디지털 시대에 위축된 노년을 세상과 연결하는 역할을 하는 등 노인복지 서비스 혁신에 기여하고 있다. 또한 스마트경로당 사업은 관내 복지 서비스 낙후 지역 노인 인구 비율이 높은 지역 경로당 50개소를 우선 선정하여, 기기 구축을 완료해 성주군의 차별화된 노인복지 서비스를 제공하고 있다.

　성주군치매안심센터는 가족지원과와 연계·협력해 매주 1회 스마트경로당 4개소(성주읍 성산3리, 가천면 창천1리, 초전면 봉정1리, 월항면 인촌리 작촌) 이용 지역주민 70명을 대상으로 치매예방을 위한 인지능력 강화와 심신 건강 증진을 위한 '스마트 똑띠학교' 프로그램을 운영하였다.

스마트 똑띠학교

스마트 똑띠학교는 대면·비대면 결합 실시간 원격 송출 교육방식으로 운영되며 치매안심센터 전문인력인 작업치료사는 성주읍 성산3리 경로당 이용자를 대상으로 대면 프로그램을 진행함과 동시에 화상회의 시스템을 활용해 나머지 3개의 경로당 이용자도 원격으로 프로그램에 함께 참여할 수 있도록 하였다.

제공되는 프로그램은 음악, 미술, 감각, 회상, 운동영역을 고루 발달시킬 수 있는 인지 자극 활동으로 전문인력이 직접 개발하고 사전에 교육과 관련된 안내 동영상을 제작하고 교육 시 송출해 참여자의 이해를 돕고 원거리의 한계를 극복하고 있다.

똑띠학교와 함께 경로당 내 치매친화 환경을 조성하는 '똑똑! 소리나는 경로당'도 병행 운영해 경로당 내 인지 교재 및 교구 및 치매 콘텐츠 제공으로 어르신들의 여가 시간에 인지훈련을 지원하여 치매 고위험군의 인지능력 악화를 방지하고 나아가 치매로 인해 발생할 의료·돌봄 비용 절감은 물론 노년기 삶의 질을 향상시키는 것을 목표로 하고 있다.

20 대구 달서구

대구 달서구는 2023년 스마트빌리지 보급 및 확산 공모사업에 선정되었다. 스마트빌리지 사업은 온 가족이 함께 학습, 체험, 전시, 문화를 즐길 수 있는 미래지향적 가족복합문화공간 '달서디지털체험센터(Dalseo Digital Center, DDC)' 설립을 목표로 하였다. 국비 24억원을 지원받아 총사업비 30억원으로 해당 사업을 추진했다.

달서디지털체험센터(DDC) 조성을 위해 경북대 스타트업지원센터, LH 대구경북지역본부와의 업무협약을 진행했다. 각 기관이 보유한 역량 및 인프라를 활용하여 총 사업비 12.5억원으로 구축 완료했다.

미래지향적 가족복합문화공간인 달서디지털체험센터(Dalseo Digital Center, DDC)는 ICT 기술을 활용해 지역사회 디지털전환, 경쟁력 강화, 지역균형 발전을 도모하기 위해 생활 SOC 시설(도서관, 돌봄, 복지관 등) 유휴공간에 디지털 기술을 융합한 학습·놀이·참여형 공간이다.

달서디지털체험센터는 LH사옥 1층 구 도서관(681.31㎡)에 위치해 있으며 첨단 기술과 문화가 접목된 신개념 놀이터로 '창의력 공간', '상상력 공간', '학습공간'으로 구성되어 있다.

창의력 공간은 놀이와 독서가 결합한 도서관, 소규모 행사 운영이 가능한 공간으로, 상상력 공간은 디지털 체험이 가능한 실감형 콘텐츠, VR·AR체험, 몰입형 미디어, 액티비티 등으로 구성돼 있다. 학습 공간은 미래기술 교육을 배울 수 있게 메이커스페이스, 코딩교육, 과학교실 등이 가능한 장소로 조성했다.

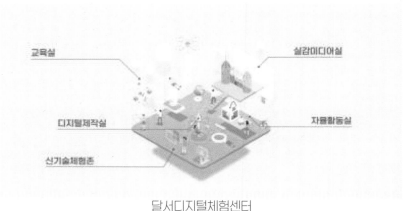

달서디지털체험센터

달서디지털체험센터는 주민 누구나 로봇팔 제작, 일러스트레이터 +UV 프린터 융합 과정과 다양한 디지털 메이커 활동을 통해 디지털 제작 장비를 자율 이용할 수 있으며, 디지털 소외 극복을 위해 수요맞춤형 키오스크, 스마트폰 등 생활 속 전자기기 활용 교육을 실시하고 있다.

또한 달서구는 디지털선사관(달서선사관 내), 디지털별빛관(달서별빛캠핑장 내)도 개관하였으며, 2024년 DDC 추가조성 사업비도 기확보했다. 달서디지털체험센터는 대구지역 최초로 첨단 기술을 접목한 미래지향적 신개념 가족놀이터 조성으로 시대변화를 선도하고 있다.

구는 2020년 대구 최초로 전담팀 신설 후 민관산학연의 우수한 협업

으로 국·시비 포함 103건, 620억원 규모의 스마트도시 서비스를 지역주
민에게 제공하고 있다. 또한 10월 비수도권 최초 스마트도시 분야 대한
민국 도시 대상을 수상한 바 있다.

21 제주 서귀포시

서귀포시는 2023년 도내 최초로 구축된 '서귀포형 건강·행복 스마트 경로당'에 어르신 도우미를 배치하고 경로당 이용 어르신들에게 질 높은 서비스를 제공하고 있다.

서귀포시는 관내 72개 경로당에 AI(인공지능) 로봇, 메타버스(가상현실) 기기(VR), 실감미디어 서비스(체감형 동작 인식 시스템) 디지털기기를 갖춘 스마트경로당을 구축함에 따라 어르신들의 디지털기기 사용 어려움을 해소하고 스마트경로당의 원활한 운영을 위해 노인 일자리 사업과 연계한 '스마트경로당 도우미 사업'을 실시하고 있다.

'스마트경로당 도우미 사업'은 서귀포시에 거주하는 만 60세 이상 어르신 72명을 대상으로 72개소 스마트경로당에 각각 배치되어 경로당 이용 어르신들에게 디지털기기 사용 방법 안내 및 운영 관리 활동에 참여하고 있다. 2023년말 배치된 스마트경로당 도우미는 총 68명으로, 4개소를 제외한 전 경로당에 배치가 완료되었으며, 2차례에 걸친 현장 교육을 통해 도우미 수행을 위한 필수 사항들을 숙지했다.

또한 각각 배치된 경로당에서 어르신들과 함께 배운 내용들을 하나하나 실습해 보기도 하고 설명도 해드리면서 스마트경로당에 대한 흥미와 관심이 나날이 높아지고 있다.

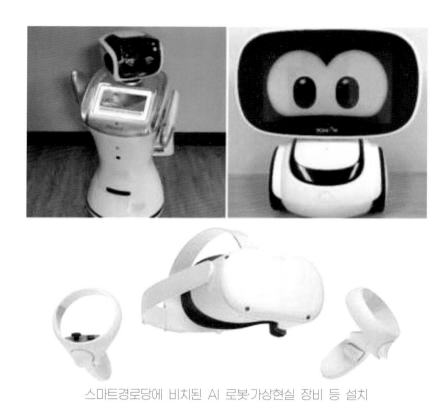

스마트경로당에 비치된 AI 로봇·가상현실 장비 등 설치

22 전남 광양시

전남 광양시는 2023년 생활밀착형 사회기반시설 대상 ICT 기반 복지 서비스 스마트화 국가직접지원 공모사업에 선정되었다. 공모사업은 생활기반 복지서비스를 발굴해 지역민에게 혜택을 주는 사업으로 광양시를 비롯한 성남시, 아산시 등 3개 기관이 선정돼 각각 9억 2,000만원의 국비를 지원받았다.

광양시는 총 11억원을 투입해 '스마트 아이키움 플랫폼'을 구축함으로써 온라인 교육콘텐츠 서비스, 온라인 독서 & 북러닝 서비스, 체험형 에듀 스포테인먼트 서비스 등을 제공하여 2025년까지 3년간 18개 지역아동센터 500여 명이 혜택을 받게 된다.

생활 SOC 스마트화 사업은 원격수업 등 코로나19 장기화로 인한 계층 간 교육 격차 해소를 위해 지역아동센터 18개소에 적용하였다.

저학년(1~3학년)은 맞춤형 온라인 도서관 서비스와 몰입감 높은 스포츠 미디어 환경 기반 체험형 에듀 스포테인먼트 서비스를 지원하고, 고학년(4~6학년)은 학습자 환경에 맞춘 다양한 학습과 교육상담 등을 집중적으로 지원고 있다.

　스마트 아이키움 플랫폼 사업으로 지역아동센터 아이들이 스마트한 돌봄 환경에서 더 큰 꿈을 키울 수 있게 되었다. 광양시는 ICT 기반의 선도 서비스를 적극 발굴해 시민 삶의 질 개선과 전국 제1의 '아이 양육하기 좋은 도시' 만드는 것을 목표로 하였다.

광양 스마트 아이키움

23 경기 성남시

　경기도 성남시는 '공공도서관 이용자 참여형 증강현실(AR)공간 구축 및 돌봄센터 연계사업'이 과학기술정보통신부 우수사례로 선정되었다.

　성남시는 도서관 스마트화를 통한 미래환경 조성과 돌봄아동 교육격차 해소를 주제로 추진한 사업을 통해 도서관을 직접 방문하지 않고도 다양한 프로그램을 돌봄센터 아동들에게 온라인으로 제공해 돌봄 아동의 교육환경을 개선했다는 평가를 받았다.

　성남시는 사업의 참여 확대와 운영 활성화를 위해 증강현실 콘텐츠 다양화와 돌봄센터를 대상으로 찾아가는 도우미 서비스를 추진해 현장의 애로사항을 청취하고 지원 체계도 마련하였다.

24 충남 아산시

    충남 아산시는 2024년 스마트빌리지 보급 및 확산 사업 선도 사업 부문에 선정되었다. 사업 선정으로 국비 10억원을 확보하고 수철·갈월·도산 3개 소류지에 'AI 기반 관리시스템'을 구축하게 되었다.

    'AI 기반 소류지 관리 시스템'이 구축되면 사통(수문) 전동화 및 원격 관리 시스템을 통해 수동으로 관리자가 조작하던 사통을 상황실에서 안전하게 조작할 수 있게 되며, 집중호우 시 AI가 자동으로 사통을 개방해 범람을 방지할 수 있게 된다.

AI 기반 소류지 안전관리 시스템 개념도

이외에도 범람 예상 시 경보 방송을 통한 사전 대피 시스템도 구축되고, 출입 감시 스마트 CCTV를 통해 사람이 출입하면 주의 방송이 송출되고 입수로 판단되면 관련기관 구호 조치 등도 할 수 있게 된다.

아산시는 2024년까지 소류지 3개소에 AI 기반 관리 시스템을 구축·운영할 계획이며, 스마트빌리지 사업을 통해 나머지 소류지 22개소에 대해서도 시스템 구축을 추진할 예정이다.

제4장

노인의 이해

01 노인의 정의

노인(老人)의 사전적 의미는 육체적으로 늙어간다는 의미를 가지고 있다. '老'는 '땅 위에 지팡이를 짚고 다니는 늙은 사람'을 형상화한 것이다. 따라서 한문에서 의미하는 노인은 글자처럼 육체적인 노화로 거동이 불편하다는 의미를 갖고 있다.

세계보건기구(WHO, 1998)에서는 노인은 생리적, 신체적 기능이 퇴화되고 심리적 변화가 일어나서 기능 유지와 사회적 역할이 약화되고 있는 사람으로 정상적인 생활 능력이 떨어지고 있는 사람이라고 정의하였다.

1951년에 미국에서 개최된 제2회 국제노년학회의에서 노인에 대해 내린 정의를 보면 '인간의 노화 과정에서 나타나는 생리적·심리적·환경적 변화 및 행동의 변화가 복합적으로 상호작용하는 과정에 있는 사람'이라고 하였다.

아울러 노인의 특성을 구체화하여 노인은 첫째, 환경변화에 적절히 적응 능력이 점진적으로 결손되고 있는 사람, 둘째, 자신을 통합하는 능력이 감퇴되어 가는 시기에 있는 사람, 셋째, 신체 기관의 기능에 쇠퇴 현상이 일어나고 있는 시기에 있는 사람, 넷째, 기억의 저장능력이 감퇴되어 가는 시기에 있는 사람이라고 정의하였다.

이상과 같이 노인의 개념은 다양하고 당면한 여러 가지 변화를 겪는 단계에 있는 사람으로, 노인의 시기는 우리 모두가 긍정적이고 성공적으로 완수해야 할 삶의 최종적이고 종합적이며 역동적인 발달 단계라고 볼 수 있다.

노인이 되면 신체적인 노화와 함께 사회적·정서적으로도 큰 변화를 겪는다. 사회적으로는 환경에 대한 적응 능력이 떨어지고, 경제활동도 현저히 줄어든다. 정서적으로는 불안과 우울, 그리고 슬픔을 자주 느끼는 시기이다.

사람은 누구나 오래 살게 되면 반드시 노인이 되며, 신체적으로는 노화가 찾아온다. 노인이 겪는 노화 과정은 모든 생물체에서 일어나는 피할 수 없는 필연적 현상으로 개체의 기능이 서서히 감퇴되어 사망에 이르기까지의 과정이다.

따라서 노인이 되면 신체적 변화뿐만 아니라 심리적 사회적 변화를 동반하며 이들은 서로 밀접한 관련성을 지니고 있다. 노화는 모든 사람에게 반드시 찾아오는 것이지만 개인의 유전적 요인과 건강관리 그리고 개인을 둘러싼 경제적, 사회적, 문화적 환경에 따라 정도의 차이가 매우 크다.

02 노인을 구분하는 기준

일반적으로 노년기를 규정하는 노인의 구분 기준은 연령에 따른 신체적 나이이다. 신체적 나이는 법률, 행정절차, 관습의 기준으로 모든 사람에게 똑같이 적용되는 객관적 나이다. 노년기는 사회적으로 규정한 객관적인 연령 기준과 별도로 생물학적 나이, 심리적 나이, 사회적 나이, 주관적 나이, 기능적 나이도 고려해야 한다.

생물학적 나이

생물학적 나이는 개인의 생물학적, 생리적 발달 및 성숙 수준과 신체적 건강 수준을 나타내는 나이를 말한다. 그런데 신체적 나이는 적은데 생물학적 나이가 많은 경우도 있다. 예를 들면 신체적 나이는 50세인데, 건강관리가 제대로 안 되어 있다면 생물학적 나이는 60세가 될 수도 있다. 반대로 신체적 나이는 많지만, 건강관리를 잘해서 생물학적 나이는 더 적을 수도 있다.

심리적 나이

심리적 나이는 경험에 근거한 심리적 성숙과 적응 수준을 나타내는 나이를 말한다. 신체적 나이는 적은데 기억, 학습, 지능, 신체적 동작, 동기와 정서 등과 같은 심리학적 요인의 경험이 많으면 나이가 많이 먹은 것처럼 인식하는 경우를 말한다. 예를 들면 신체적 나이는 50세인데, 경험에 근거한 심리적 성숙과 적응 수준이 높으면 심리적 나이는 60세가 된 것처럼 생각할 수도 있다.

사회적 나이

사회적 나이는 하나의 규범으로 정한 나이로 사회적 나이에 따라 사회적 지위가 결정되고 역할에 대한 기대감이 각각 다르게 형성된다. 사회적으로 노인의 범주에 속하더라도, 자신이 생각하기에 노인이 아닐 수 있기 때문이다.

주관적 나이

주관적 나이는 신체적, 생물학적, 심리적, 사회적 나이에 관계없이 자신이 스스로 느끼는 나이를 말한다. 주관적 나이는 자신의 연령을 어떻게 정의하는가, 자신을 어떻게 느끼는지, 어떻게 보고 묘사하는지를 반영하는 나이로 자신이 스스로 보는 태도뿐만 아니라, 타인이 자신을 보는 태도까지 반영한 나이다. 예를 들어 60세의 신체적 나이에 자신을 50세라고 생각하면 그것이 주관적 나이다.

기능적 나이

기능적 나이는 개인의 신체적, 심리적, 사회적 기능 등의 정도에 따라 노인을 규정하는 나이를 말한다. 예를 들면 신체적 나이는 50세인데, 신체적으로 피부 관리를 잘못하여 피부는 60세가 된 것을 말한다.

결국 노후의 나이는 신체적 나이로 객관적으로 정의할 수도 있지만, 생물학적 나이, 심리적 나이, 사회적 나이, 주관적 나이, 기능적 나이에 의한 다양한 편차에 따라 각 개인은 노후라는 인식을 다르게 받아들일 수 있기 때문에 객관적인 지표와 함께 주관적인 노후 인식에 대한 이해도 함께 이뤄져야 한다.

한국보건사회연구원이 2013년에 발간한 '노후 준비 지원정책의 필요성과 방향' 보고서에 따르면, 주관적인 노년기는 50세에서 95세까지 다양하게 분포되었고, 노후가 시작되는 시기를 평균 67.6세로 나타났다.

〈표 4-1〉 나이에 따른 구분

구분	특징
신체적 나이	• 달력에 따른 나이 • 법률, 행정절차, 관습의 기준으로 모든 사람에게 똑같이 적용
생물학적 나이	• 개인의 생물학적, 생리적 발달과 성숙의 수준과 신체적 건강 수준을 나타내는 나이 • 신체적 활력을 나타내는 지표 • 폐활량, 혈압, 신진대사, 근육의 유연성 등

심리적 나이	• 경험에 근거한 심리적 성숙과 적응 수준을 나타내는 나이 • 기억, 학습, 지능, 신체적 동작, 동기와 정서, 성격과 적성 특성 등 여러 가지 심리학적인 측면에서의 성숙 수준 함께 고려
사회적 나이	• 하나의 규범으로 정한 나이 • 교육연령, 결혼 및 출산 적령기, 취업 연령, 은퇴 연령, 자녀 결혼, 손주 출생 등 • 사회적 나이에 따라 사회적 지위가 결정되고 역할에 대한 기대감이 각각 다르게 형성
주관적 나이	• 신체적, 생물학적, 심리적, 사회적 나이에 관계 없이 자신이 스스로 느끼는 나이
기능적 나이	• 개인의 신체적, 심리적, 사회적 기능 등의 정도에 따라 노인을 규정하는 나이 • 신체적, 심리적, 사회적 영역 등에서 특정 업무를 적절히 수행할 수 없는 경우를 노인으로 정의

03 노인 인구 현황

　통계청의 발표에 의하면, 우리나라는 2000년에 65세 이상의 인구가 6.8%가 되어 고령화 사회가 되었으며, 2010년말에는 65세 이상의 인구가 11.3%를 넘어 고령사회가 되었다. 2020년에 들어서 65세 이상의 인구가 15.7%가 되면서 초고령사회로 진입하였다. 이러한 현상은 계속 진행되어 2025년에는 20.3%, 2060년에는 37.3%로, 세계 제일의 고령국가가 될 전망이다.

〈표 4-2〉 노인 인구 증가 추이

구분	1980	1990	2000	2010	2021	2025
전체인구 (천명)	38,124	42,869	46,789	48,988	51,821	50,578
노인 인구(천명)	1,456	2,144	3,168	5,536	8,123	10,000
비율(%)	3.8	5.0	6.8	11.3	15.7	20.3

저출산과 평균 수명의 연장으로 인해 노인 인구의 절대적인 숫자는 빠르게 증가하고 있고, 은퇴자 인구의 상대적 비중도 증대되고 있다. 통계청(2021)에 의하면 우리나라 2021년 65세 노인 인구는 813만 명으로 15.7%이며, 2025년 노인 인구는 약 1,000만 명으로 증가하고, 노인 인구 비율은 20.3%로 증가할 것으로 추정하고 있다.

경제협력개발기구(OECD) 가입국과 비교하면 우리나라의 상대적 빈곤율은 매우 높은 수준으로 2020년 65세 이상인 고령자 가구는 전체 가구의 22.8%이며, 2047년에는 전체 가구의 약 절반(49.6%)이 고령자 가구가 될 것으로 예측하며, 건강보험 상 1인당 진료비는 448만 7천원, 본인 부담 의료비는 104만 6천원으로 증가한다고 보고되었다.

2020년 65세 이상 고령자의 경제활동 및 자원봉사 참여율은 6.5%로 낮은 수준이며, 가구 중 최저주거기준 미달 가구의 비중은 3.9%이고 고령자의 고용률은 32.9%, 실업률은 3.2%이다. 65세 이상 고령자의 경우에는 4명 중 1명 정도만이 자신의 현재 개인 삶의 질에 만족하고 있는 것으로 나타났다.

한국노인인력개발원 자체 설문 조사에서 '언제까지 일하고 싶은가'하고 묻자 평균 74세로 나타났다. 한국노인인력개발원에 의하면 인생의 생애주기에 있어 2015년 정부에서 인건비 등을 지원받아 실제로 기관·기업에 채용된 60세 이상 고령자 중 절반이 넘는 66.9%가 70대다. 60대(17.6%)보다 4배 가까이 많았다.

이는 60대는 스스로 힘으로 재취업하거나 개인 사업을 하는 경우가 많다면, 70대가 되면 자력으로 재취업할 능력이 떨어져 정부 지원을 받아서라도 계속 일하려는 사람이 많기 때문이라고 해석할 수 있다. 지원자의 평균 연령이 68세에 달하는 고령자 채용을 위해 마련된 고령자 친화 기업도 있다.

노인 인구의 증가보다 더 심각한 것은 노인 인구 중 85%만이 건강하게 활동하고 있으나, 나머지 15%는 당장 요양 보호가 필요한 노인들이라는 것이다. 또한 이 중에서 6%만이 시설에 입소 요양 중이며 8%는 정부 지원의 재가 서비스를 받고 있다. 나머지는 특별한 치료를 받지 못하고 방치되고 있는 실정이다.

뿐만 아니라 노인 인구 중 10% 정도는 치매로 고통받고 있으며, 18%는 돌보는 이 없는 독거노인들이다. 독거노인들 중에서 37%는 기능 제한 노인으로 부분적인 수발 보호와 일상적인 관심과 보호의 배려를 받아야 할 분들이다. 이러한 이유로 인하여 노인 자살이 전체 자살의 25% 이상을 차지하고 있으며, 해가 지날수록 늘고 있다. 이러한 통계는 사람이 오래 사는 것이 결코 축복이지만은 않다는 진실이다.

04 평균 수명의 증가

노인 인구의 증가와 함께 우리나라 사람들의 평균 수명도 점차 증가하고 있다. 1960년에는 남녀 평균 수명이 55.3세였는데 1980년 들어 65.8세로 증가하였고, 1990년 들어 70세를 처음 넘어섰다. 2010년에는 드디어 80세를 넘고 있다.

이는 경제협력개발기구(OECD)에 가입한 국가들의 남자 평균 수명이 76.2세인데 비해 우리나라는 남자 평균이 77.5세이기 때문에 0.3세가 더 높으며, 여자 평균 83.3세는 OECD 가입 국가 평균인 81.8세보다 1.5세가 더 높다.

〈표 4-3〉 평균 수명 추이

구분	1980	1990	2000	2010	2020	2025
평균 수명	65.8	71.3	74.3	80.2	84.0	86.0

1990년대만 해도 60세를 넘으면 오래 살았다고 환갑잔치를 했지만 2000년을 넘으면서 칠순 잔치가 2020년을 넘으면서 팔순 잔치로 바뀌고 있다. 이러한 속도라면 앞으로 사람들의 평균 수명은 90세를 넘게 될 뿐만 아니라 평균 수명 100세를 내다보게 된다. 2022년 현재 100세 이상의 인구가 22,000명을 넘고 있다.

게다가 의학자들은 의학 기술의 발달로 장기를 배양하고 교환하는 기술이 보급되어 120살까지 증가할 것으로 예측하고 있다. 이로 인해 우리는 급속한 노령사회와 평균 수명의 증가로 인해 세계가 깜짝 놀라서 이런 현상을 어떻게 대처해 나갈 것인가에 대한 깊은 관심으로 미래를 대비하려고 하고 있다. 인간 수명 100세 시대를 기대하는 사람에게 장수는 축복이지만, 그걸 살아가야 하는 사람에게는 재앙이 될 수 있다.

수명 연장은 꼭 행복한 일만이 아니라 재앙일 수도 있다. 더욱이 낮은 출산율 때문에 상황은 더욱 꼬이게 되고 있으며, 지역 편차가 커서 농촌 지역의 2/3는 이미 초고령사회가 됐다. 이미 일부 지역에서는 거리의 반 이상이 노인이 걸어가는 풍경을 상상해 보면 절망적이지 않을 수 없기 때문이다.

수명은 연장되는 데 비해 우리나라 노동시장에서 근속연수는 25년으로 경제협력개발기구(OECD) 국가 평균인 40년보다 15년이나 짧아 그만큼 일찍 퇴직한다는 것을 의미한다. 일찍 은퇴를 한다는 것은 경제적으로 수입이 단절되어 노후 대책을 제대로 하기 어렵다는 것을 의미한다.

우리나라 사람이 태어나서 100세까지 살고 60세에 은퇴한다고 가정하더라도 노후 약 40년 이상을 경제생활과 주거 환경 및 건강관리를 하면서 보내야 한다는 것을 의미한다.

05 노화

　노년기가 되면 우선 신체적으로 급격히 노화현상이 나타나면서 건강이 나빠진다. 따라서 자신을 사랑하고 존중하며 가치를 높게 평가하는 인성이 어느 때보다 필요한 시기다. 노화현상은 외형적 변화, 신체 내부 기능의 변화, 감각기능의 변화가 생긴다.

외형적 변화

　외형적으로 피부는 콜라겐과 탄력소 섬유가 파괴되어 탄력을 잃으면서 주름이 생기고 처지기 시작한다. 모발은 멜라닌 색소가 부족하여 흰머리가 많아지며, 머리숱이 줄어들기 시작한다.

　치아는 잇몸이 수축되고 골밀도가 감소하면서 이가 빠지기 시작하며, 뼛속의 칼슘분이 고갈되어 뼈 밀도가 감소하고 약해지면서 골절과 골다공증이 발생하며, 운동능력이 떨어지게 된다.

내부 기능의 변화

내부적으로는 침, 위 분비액 감소, 소장.대장 운동성 저하, 변비 및 각종 장 질환 발병율이 높아진다. 폐활량이 감소하고, 기관지 질환이나 호흡기 질환이 많아진다. 혈액순환 둔화, 고혈압, 동맥경화, 뇌졸중 등의 위험이 높아진다. 덥거나 추운 기온에서 신체 적응 속도가 느려지며, 멜라토닌(잠 호르몬) 분비 시간이 빨라지면서 일찍 자고 일찍 일어나게 된다.

감각기능의 변화

시각은 눈의 수정체가 탄력성을 잃으면서 초점이 모여지지 않아 글을 읽는 것이 어려워지며, 어둠과 번쩍이는 빛에 적응하는 시간이 더 길어지면서 야간 운전이 불편해지며, 백내장, 녹내장의 발병율이 높아진다.

청각은 청각세포와 세포막의 손상으로 고주파수의 소리를 듣지 못하는 노인성 난청이 시작되고, 이상한 소리가 들리는 이명 현상이 나타나기도 한다.

미각은 혀의 맛봉오리의 수가 감소하면서 단맛과 짠맛에 비해 쓴맛과 신맛에 대한 감각이 더 오래 지속되고, 점차 후각 기능도 마비되면서 음식의 맛을 느끼지 못하게 된다.

질병

노년기에 접어들면 노화현상 시작되면서 건강이 점차 나빠진다. 건강이 나빠지면 신체의 활동에 다양한 변화를 가져오며 여러 가지 질병을 유발한다. 노년기가 되면 신체 구조의 쇠퇴가 시작되는데, 피부와 지방조직의 감소, 세포의 감소, 골격과 수의근의 약화, 치아의 감소, 심장 비대와 심장 박동의 약화 등의 현상이 나타난다. 이로 인하여 동맥경화증, 고혈압, 당뇨병, 심장병, 신장병 등의 만성질환이 나타난다.

질병은 모든 연령대의 사람들에게 영향을 미치지만, 특히 고령자들에게는 합병증으로 유발된다. 예를 들어 과다활동성 갑상선(갑상선 기능 항진증)이 오면 정서적으로 초조해지고, 신체적으로는 체중이 줄게 되는데, 고령자들에게는 졸리고 무기력하고 우울증을 동반하게 한다.

우울증은 치매를 악화시킬 수 있고, 감염은 당뇨병을 악화시킬 수 있으며, 이러한 질병은 노후 생활을 하는 사람들에게 처참하고 무기력하게 하는 효과가 있다. 고령자에게 사망 가능성이 큰 심장마비, 고관절 골절 및 폐렴과 같은 질병들은 종종 노후의 삶을 더 위험하게 하고 있다.

건강이 나빠지면 점차 활동이 어려워지면서 집에서 거주하는 시간이 길어진다. 그리고 건강을 잃게 되면 건강을 회복하기 위해서 의료비용의 지출과 집안의 신경이 온통 집중되게 된다.

이처럼 질병에 걸리거나 건강 상태가 나빠지면 노인들의 경제적인 문제를 발생시키며 일상생활에서 의존성을 증가시키고, 심리적인 위축 및 정서적인 불안정을 가져오며, 사회적 역할을 제한하는 등 노인 생활에 부정적인 영향을 끼친다.

건강이 나빠지면 심리적인 위축으로 노후생활 전반에 영향을 미치게 될 뿐만 아니라 노동력 상실을 수반하고 이로 인해 가난, 사회 활동 감소, 고독의 문제가 발생한다. 특히 무자녀 노인이라든지 자녀와 별거하여 사는 독거노인들은 질환이 발생하면 만성적인 건강 장애 및 생활 곤경에 처할 위험이 매우 높아지게 된다.

노년기에 찾아오는 신체적인 변화는 사람에 따라서 정도의 차이가 있지만 누구에게나 공통적으로 찾아오는 어쩔 수 없는 현상이다. 그래서 '세월 앞에는 장사가 없다.'라는 말을 한다. 다만 지속적인 건강 검진을 통해서 노화를 예방하기 위한 노력과 지속적인 운동과 건강식품 복용을 통해서 조금 지연할 수 있을 뿐이지 신체적 변화를 막을 수는 없다.

06 경제적인 어려움

    통계청의 '2021년 고령자 통계'에 따르면 노후 생활비 마련의 방법에 대해서 '본인 스스로'가 마련하는 경우는 61.2%이며, '국가 정부 차원'에 의존하는 경우는 15.8%, '자녀 또는 친척'에 의존하는 경우는 20.3%로 나타났다. 노후 생활비용을 국민연금에 의존하는 비율은 31.1%로 가장 많으며, 예금과 적금은 27.9%, 부동산 운용은 14.6%, 사적연금은 8.1% 등의 순이었다. 노후의 경제적 자립성은 높게 나타났지만, 경제 상태에 대한 자신의 만족도는 17.9%로 나타났다.

    전체 고령자 1인 가구 중 본인 스스로 생활비를 마련하는 이들의 비율은 44.6%로 노후 생활비용을 국민연금에 의존하는 비율은 36%로 가장 많으며, 예금과 적금은 31.2%, 부동산 운용은 11.8%, 사적 금은 9.1% 등의 순이었다.

    통계 자료를 분석해보면 노후에는 생활비를 자녀에게 부담을 주지 않고 스스로 해결하려는 인식이 강해지고 있다. 그리고 우리나라 노인들의 경제 상태에 대한 만족도는 매우 낮은 수준이며 주관적 생활 수준도 절반 정도의 노인들이 낮다고 응답함에 따라 대부분의 노인들이 경제적 어려움을 겪고 있음을 짐작하게 한다.

우리나라의 노인 중 노후생활을 스스로 해결하기 위한 사전 준비를 하는 사람은 전체 노인의 1/3 정도로, 대부분의 노인들은 빈곤한 생활을 하고 있는 실정이다. 노후에는 경제활동을 하지 못하기 때문에 연금과 지금까지 벌어 놓은 수입을 가지고 지출하게 된다. 노후를 위해 충분한 대비를 한 사람들은 여유 있는 생활을 할 수 있지만 준비를 제대로 하지 않은 사람은 경제적으로 어려움을 갖게 된다.

연금을 받더라도 독일이나 미국, 영국, 캐나다 등 선진국의 경우 연금 수급율이 50%를 넘기 때문에 노후 예상되는 연소득이 은퇴 직전 소득의 50%를 넘는 것에 비하면, 우리나라 직장인들의 노후 소득은 연금 수급율이 현저히 떨어지기 때문에 연금에만 의존하려던 직장인들은 미래 노후생활에 비상등이 켜질 수밖에 없다.

노후에는 월급이 없어지고 연금에만 의존해야 하기 때문에 경제적으로 부담이 많은 시기이다. 은퇴하는 세대는 자녀들의 높은 사교육비를 부담하거나 결혼을 지원해야 하며, 노령의 부모님을 부양해야 하는 책임을 동시에 짊어지고 있기 때문에 정작 자신의 노후를 대비하기 위해 저축할 여력이 없을 때이다.

예를 들면 자녀 2명을 4년간 대학에 보낼 때 드는 비용은 등록금만 따져보아도 약 500만원씩 1인당 4,000만원이 들고, 2명이면 8,000만원이다. 여기에 용돈과 교재비용까지 고려한다면 최소 1억원이 더 필요하다. 게다가 결혼식 비용은 딸의 결혼 비용은 5,000만원에서 1억원, 아들의 결혼 비용은 집을 사주거나 임대를 해주어야 하기 때문에 최소 2억원에서 5억원은 들어야 한다. 따라서 자녀 2명을 대학에 보내고 결혼시키기까지는 많게는 10억원에서 적으면 최소 3억원은 든다.

결국 노후에는 경제생활을 하지 못할 경우가 많기 때문에 수입이 없는 상태에서 3억원~10억원 상당을 준비해 놓지 않았다면 융자를 받아야 하거나, 돈이 없어 지출하지 못하게 되면 자녀들의 결혼도 제대로 시킬 수 없게 된다. 뿐만 아니라 부모의 간병에 들어가는 비용이 많기 때문에 노후에 거액의 빚을 질 수도 있다. 그리고 주택 관리비와 통신비를 비롯해 기본 생활비와 재산세 · 자동차세 같은 고정경비와 병원비가 심심찮게 나가는 것을 고려한다면 상당한 지출이 예상된다.

문제는 자녀들 교육비나 부모 봉양 비용만의 문제가 아니라 정작 본인의 노후 자금이 없기 때문에 노후를 비참하게 보낼 수 있다는 것이다.

07 심리적 위축

　노년기가 되면 일반적으로 신체적으로는 건강이 약화되며, 경제활동을 거의 하지 않기 때문에 수입 감소로 이어져 경제적 능력을 상실하게 되며, 사회와 가정에서 권위를 상실하게 된다. 그 결과 다양한 심리적인 변화가 나타난다.

　노인의 심리적 변화는 상황의 변화에 따라 정신 기능과 성격이 변화되고 있는 것을 나타내는 것이다. 그러나 평생 살면서 가진 개인적인 경험과 사회생활로 인하여 굳어진 자아감은 변화가 쉽지 않기 때문에 노년기의 심 특성은 개인에 따라서 차이가 많으며, 노인의 심리적 특성은 다음과 같다.

의존성 증가

　노인은 신체적 및 경제적 능력의 쇠퇴와 더불어 자신감이 낮아지면서 의존성이 증가한다. 노인이 되어 갈수록 자녀, 가족 및 이웃으로 부터 물질적인 도움보다는 심리적으로 마음으로 믿고 의존하려는 경향이 증가한다. 의존성이 증가하게 되면 자녀나 친구에게 매일 전화를 하거나,

연락을 하지 않으면 서운해하게 된다.

내향성 증가

노인이 되면 내부의 주관적인 것에 삶의 방향과 가치를 두고 자신의 내적 충실을 기하려고 하는 성격 경향 내향성이 증가한다. 즉, 노화와 더불어 사회적 활동이 감소하고, 인지기능의 감소함에 따라 감정을 외부로 표현하거나 자기주장을 줄이고, 자신이 가진 주관적인 판단이 중요하다고 생각하게 된다. 그리고 어떤 일을 함에 있어서 지구력이 약해 쉽게 포기하게 되며, 새로운 것에 도전하기를 꺼린다.

경직성 증가

노년기가 되면 태도나 감정이 부드럽지 못하며, 융통성이 없고 엄격한 경직성이 증가한다. 경직성이 증가하면 어떤 상황에 대해 문제해결이나 행동이 잘못되거나 손해를 보는데도 불구하고, 옛날 방식으로 처리하거나 다른 사람의 조언을 듣지 않고 자기 주관대로만 해결하려는 경향을 말한다.

경직성이 심해지면 자신이 잘못했음에도 인정하려 하지 않고, 다음에도 똑같은 행동을 하게 된다. 결국 경직성이 증가하면 고집이 세지면서 다른 사람과의 대화가 어려워지며, 많은 손해를 입어도 고쳐지지 않게 된다. 이는 노인은 인지기능의 저하로 인해 학습 능력이 저하와 문제해결 능력의 감소로 여겨진다.

성역할 변화

노인이 되면 성호르몬의 분비가 바뀜에 따라 성역할에 변화가 생긴다. 즉, 남성 노인은 남성 호르몬 분비가 줄고, 여성 호르몬이 증가함에 따라 내향성이 증가하고, 감수성이 높아져 사소한 일에도 감정이 상한다. 여성 노인은 여성 호르몬이 감소하고 남성 호르몬이 증가함에 따라 공격성, 자기중심성, 권위적 동기가 더 증가하게 된다.

조심성 증가

신체적, 심리적 기능의 쇠퇴함에 따라 보완 작용으로 인해 어떤 행동이나 결정에 대해서 잘못이나 실수가 없도록 말이나 행동에 마음을 쓰는 조심성이 증가한다. 특히 경직성의 증가로 인해 손해를 크게 입은 것이 후회가 되면 스스로 조심성이 증가하기도 한다.

애착심 증가

노인이 될수록 과거에 자신이 사용한 물건과 주변 사람에 대한 애착심이 증가한다. 애착심은 자신이 살아 온 과거를 회상하고 마음의 안락을 찾게 해 준다. 그러나 애착심이 심해지면 편집증이나 과도한 애착으로 인해 주변 사람들이 힘들어하게 한다. 예를 들어 자신이 사용하던 물건에 대해서 애착심이 강해 버리지 않고, 계속 보관하는 성향을 보인다.

유산에 대한 관심 증가

노인은 사후에 이 세상에 다녀갔다는 흔적을 남기려는 욕망을 강하게 가진다. 따라서 자신의 묘를 어떻게 해달라고 주문하게 되고, 자식들에게 자신의 재산과 부동산을 물려주려고 한다.

  노인의 심리적 특성은 정신적이나 경제적으로 안정감을 갖기를 원하고, 아직도 무엇인가 할 수 있음을 증명하려 하고, 친구나 자녀들과 유대관계를 가지기를 원하고, 자신의 존재가치를 인정받고 싶어 하기 때문에 나타나는 현상이라고 할 수 있다.

08 고독

    통계청의 '2021년 고령자 통계'에 따르면 지난해 전체 고령자 가구(가구주 연령 65세 이상) 472만 2,000가구 중 1인 가구는 35.1%인 166만 1,000가구로 집계됐다. 고령자 1인 가구 중에는 70대가 44.1%로 가장 많았고, 80대 이상(26.5%)과 65~69세(26%) 등이 그 뒤를 이었다.

    현대사회의 급속한 사회 변화는 핵가족화 현상, 개인주의의 팽배 등을 일으켰으며, 이러한 현상들은 노인의 심리적 위축 및 소외 문제를 더욱 가중시키고 있다.

    노년기가 되면 사회 활동이 줄면서 대인관계가 축소되고, 경제적 능력이 상실되는 등 사회생활의 변화를 겪게 되고, 가정 내에서는 배우자와 친지의 사별로 인한 상실감을 느끼게 된다.

    남자 노인의 경우 가장의 자리를 자녀에게 인계함에 따라 소외감과 무능함을 느끼게 되고, 여자 노인의 경우에는 자녀들이 취업과 결혼 등으로 인해 독립하여 떠나버림으로써 나타나게 되는 '빈 둥지 증후군'증세를 겪게 된다.

특히 이 시기에 배우자의 사망이나 절친한 친구의 사별 등과 같은 이별의 경험은 노인을 더욱 심한 고독감에 빠지게 하며 스스로를 고립시키게 하는 결과를 초래한다. 절친하지는 않아도 아는 사람이 사망했다는 소식만으로도 자신의 죽음을 돌아보게 하여 외로움을 느끼게 한다.

전통적인 가부장 사회에서 노인들은 가족 내 최고의 어른으로서 대우받았으나, 오늘날은 젊은 세대들 사이에서 부모에 대한 효나 봉양 의식이 과거에 비해 현저히 약화됨으로써 기성세대의 부양에 대한 책임감또한 현저히 약해지고 있는 것이 현실이다. 어린 시절에 부모가 할아버지를 봉양하는 것을 보고 자란 노인들은 현실을 인정하지 못하고, 옛날만을 생각하면서 자녀들에게 소외감을 느낀다.

특히 현대사회에서는 핵가족화로 인해서 독거노인과 노부부만의 생활이 늘어감에 따라 노인은 허탈감을 느끼게 되고, 노부모와 자녀 간의 세대 갈등이 심하게 발생하고 있다.

이와 같이 노년기는 사회화 과정에서의 소외와 고립, 수입의 감소, 이에 따른 자녀에 대한 의존성의 증가, 자신감 저하 등 사회적으로 얻는 것보다는 잃는 것이 많은 때다. 이러한 소외감과 상실감은 노년기의 삶을 고독하게 만든다.

더욱이 노년기가 되면 보수성이 강하고 고집이 세져서 환경의 변화를 거부하고, 과거를 고수하려 하고, 그럴수록 자녀와 친지로부터 소외감과 고독감을 느끼게 된다.

09 노후의 생애

노후의 생애 주기는 사람마다 건강과 생각에 차이가 있기 때문에 일률적으로 정해진 것은 없지만 일반적으로 구분해 보면 활동기, 회상기, 간병기로 나누어 볼 수 있다.

가. 활동기

활동기는 대략 60세~ 75세까지로 노후 비교적 건강한 몸으로 자기가 원하는 취미와 여가를 보내면. 그동안 다니지 못했던 여행을 하면서 자유롭게 활동하는 기간을 말한다. 활동기에는 그동안 하지 못했던 취미와 여가 활동을 즐기면 나름대로 활력이 넘치는 활동기가 되지만, 경제적으로 여유가 없어 취미, 여가 활동, 여행을 하지 못하게 되면 무기력한 활동기가 된다.

나. 회상기

회상기는 대략 76세~85세까지로 건강이 나빠지면서 외부의 활동을 줄이고, 자신의 과거 중에서 즐거웠던 경험이나 아쉬웠던 경험을 떠 올리며 시간을 보내는 기간이다. 회상기는 몸의 건강 상태도 좋지 못하고, 만나는 사람도 점점 줄어들어 외롭게 집에서 과거를 회상하면서 시간이 많아지는 기간이다. 회상기에는 즐거운 경험이 많을수록 회상기를 행복하게 보낼 수 있으나, 아쉬웠던 경험이나 후회하는 경험이 많을수록 아픈 기억이 되어 자신을 힘들게 한다.

회상기에는 집에서 머물면서 할 수 있는 취미생활이나 여가생활이 있으면 나름대로 시간을 의미 있게 보낼 수 있으나, 취미가 없거나, 집안에서의 여가 활동을 효율적으로 보내지 못하게 되면 대부분의 시간을 외롭고 무료하게 보내게 된다.

다. 간병기

간병기 보통 85세에서 죽는 날까지를 말하며, 이 시기에는 건강이 나빠져서 자력으로 생활이 어려워져 가족이나 간병인의 도움을 받으며, 여생을 보내야 하는 기간이다. 간병기는 자력으로 할 수 있는 것이 없어서 다른 사람들의 도움을 받아야 하기 때문에 인생에서 가장 비극적인 시간이다. 간병기에는 많은 비용이 들기 때문에 간병기가 길어질수록 경제적으로 어려워지며, 간병 비용이 충분하지 않은 사람은 매우 고통스러운 여생을 보내게 된다.

행복한 노후를 보내기 위해서는 노후에 행복한 여생을 살려면, 활동기를 최대한 늘리고, 회상기나 간병기를 최대한 줄여야 한다. 그래서 노인들은 '99'세까지 '88'하게 살다가 '2~3'일 아픈 뒤 죽었으면('4') 좋겠다는 '9988234'란 소망이 생겼다.

　노년기의 생애 주기는 개인이 처한 상황 즉 경제력이나 건강 수준에 따라 다르게 나타나지만, 자신이 남은 인생을 어떻게 계획하고 준비하느냐에 따라 크게 달라질 수가 있다. 그리고 노년기에 자신의 인생과 노화 현상과 생애주기를 긍정적으로 수용하면서 준비한다면 노후의 삶을 행복하게 만들 수 있다.

10 노년기에 행복을 주는 요소

오늘날 현대인들의 가장 큰 관심은 인생을 행복하게 사는 것이다. 행복의 의미를 사전에서 찾아보면 '생활에서 충분한 만족과 기쁨을 느끼어 흐뭇함'이라고 되어 있다. 즉 행복은 물질이 주는 것이 아니라 만족이나 기쁨을 느끼는 심리 상태를 뜻한다.

행복은 만족과 기쁨을 누리면서 자신의 삶이 좋고 의미가 있으며 가치 있다고 생각하는 상태이다. 즉 행복은 주관적인 것으로 개인의 경험 내에 존재하는 것이고 삶의 긍정적이며 적극적인 측면을 반영하는 것이다. 따라서 행복은 개인이 스스로 선택한 준거에 따라 자신의 삶을 긍정적으로 평가할 때 느끼게 되는 심리 상태이다.

고대 철학자 아리스토텔레스(Aristoteles)는 삶의 의미이며 목적을 행복으로 보았고, 인간의 행위로 얻을 수 있는 최고의 것 역시 행복이라 주장하며, 모든 사람들이 스스로 행복을 느끼는 것은 매우 중요하다고 하였다. 이처럼 사람들의 행복에 대한 관심은 인류 역사의 시작부터 시작하여 인류가 멸망하기까지 최고의 목표가 될 수밖에 없을 것이다.

이처럼 '행복'이라는 단어의 의미는 눈으로 확인할 수 있는 실체를 갖지 않는 형이상학적인 감성적인 단어이어서 사람마다 다 다르게 받아들이고 있다. 따라서 행복이라는 것은 구체적으로 정의할 수 있는 것이 아니라, 형이상학적인 것이기 때문에 사람에 대하여 행복의 형태나 조건은 다를 수밖에 없다. 실제로 우리 주변에서는 경제적으로 부유한 사람, 사회적으로 성공한 사람, 학력이 높은 사람들도 자신이 행복하다고 느끼고 있지 않는 이유와 같으며, 행복의 조건에 대해서도 자신의 가치관에 따라 천차만별하다.

노년기는 노화에 따른 문제들 즉, 정신적, 신체적 기능이 매우 약화되는 시기이다. 또한 은퇴와 더불어 직업의 상실로 인해 경제적인 문제, 소외감 등 정서적인 측면에서도 자신감이 결여되는 시기이다. 따라서 행복한 노년기를 보내기 위해서는 이와 같은 요인들을 보완해야 한다.

노년기의 행복을 결정하는 요인에 대하여 각종 논문을 분석해 보면, 가장 중요한 것은 건강이며, 질병이 없을수록, 교육 수준이 높을수록, 직업을 가지고 있을 때, 사회적 활동을 많이 할수록, 정서적으로 긍정적일수록, 종교를 가질 때, 배우자가 있을 때, 경제적으로 풍요로울 때, 부양할 자녀가 없을 때, 봉양할 부모가 없을수록 행복도가 높은 것으로 나타났다.

11 노년기 적응 유형

노년기의 삶에 적응하는 방식은 사람들의 성격이나 관점에 따라서 매우 다양하게 나타난다. 그동안 바빠서 하지 못했던 새로운 취미생활이나 여가를 즐기면서 만족스럽게 살아가기도 한다. 반면에 경제적 어려움으로 고통을 받기도 하고, 건강이 악화되어 병원 출입이 잦아지기도 한다. 또 우울증, 불안, 스트레스 등으로 정신건강이 나빠져서 고통을 받기도 한다. 노후를 받아들이는 유형은 다음과 같은 것이 있다.

만족형

만족형은 모든 것을 좋게 보는 긍정적인 성격을 가진 사람들로서, 노년기의 모든 일을 즐기며 긍정적으로 생각하는 유형을 말한다. 이 유형은 노년기의 삶에 대해서 자신의 삶을 그대로 받아들이고 일상생활이나 대인관계에서 만족을 느낀다. 그리고 인생을 후회 없이 열심히 살아왔기 때문에 적당한 휴식을 취하고 있다고 생각해서 노년기의 삶을 즐긴다. 일생이 값진 것이었다고 느끼고 미래에 대한 공포가 없으며 퇴직 후의 생활에 행복을 느끼며 산다.

은둔형

은둔형은 남들 앞에 나서는 것을 꺼리는 성격이라 사람 만나는 것을 두려워해서 사람과의 만남을 줄이고 조용한 생활을 하는 유형을 말한다. 이 유형은 직장을 다니면서 너무 지쳤던 사람들이 노후에는 모든 것에서 떠나고 싶을 때 나타난다. 그러나 일반적으로 직장을 은퇴하고 나서 스스로가 무능하다고 여겨 아무것도 못한다고 생각하는 사람은 다른 사람을 만나면 스스로 무능력한 사람으로 인식하는 것이 두려워 사람을 만나는 것을 기피하게 된다. 결국 사람과의 관계를 줄이고 시골이나 사람들과 거리를 둔 외딴곳에서 노후생활을 한다.

노력형

노력형은 은퇴하고 나서 행복한 삶을 누리기 위해 새로운 직업을 찾거나 미래의 불안을 없애려고 노력하는 유형을 말한다. 이 유형은 노년기에도 새로운 일을 하기 위해 계속 무언가를 배우고, 직장을 다닐 때 회사 밖에서 가지고 있던 동창회나 모임 등의 사회 활동을 계속 유지하려고 노력하는 사람들이다. 그리고 노년기의 나태함이나 무력함을 받아들이지 않고 계속 새로운 것을 하기 위해서 애쓰거나 자신의 능력 감소를 막으려 노력하면서 산다.

분노형

분노형은 노년기의 삶이 만족스럽지 못하거나 불행하다고 생각하는 사람이 그 원인을 사회나 다른 곳에 돌리는 유형을 말한다. 이러한 유형은 자신은 정상인데 회사에서 나를 쓸모없어서 일을 그만두게 하였다고 비통해한다.

또한 노년기에 접어든 자신의 처지를 인정하지 않을 뿐만 아니라 자신이 불행하게 사는 이유를 정치나 사회구조 또는 가족이나 동료 등 다른 곳으로 돌리며 분노를 표현하면서 산다.

자학형

자학형은 노년기의 삶이 만족스럽지 못하거나 불행하다고 생각하는 사람이 그 원인을 자신에게 돌리는 유형을 말한다. 자학형은 분노형과 비슷하지만, 분노형은 원인을 내가 아닌 주변 때문이라고 생각하는 반면, 자학형은 원인을 자신 때문이라고 생각한다. 이 유형은 노년기 자신의 삶을 실패한 것으로 보고, 그 원인을 자기 자신에게 돌리고 자신을 꾸짖으며, 살아온 삶을 후회하면서 산다.

자아통합형

자아통합형은 균형 있고, 조화로운 성격으로, 남은 인생을 설계하고 실천하면서 여가를 즐기고 봉사하는 유형을 말한다. 이 유형은 가정과 사회에서 다른 사람들에게 긍정적인 영향을 미친다. 그리고 지나온 삶을 수용하며 자신을 사랑한다. 또한 타인을 돌보면서 다른 사람을 수용하고 나누고 베푸는 것을 실천한다. 그리고 다가오는 죽음을 잘 준비하여 아름답게 인생을 마무리해 나간다.

노년기에서 노력형이 노년기의 적응 방식에 있어서 가장 이상적이라고 한다면, 만족형과 자아 통합형은 비교적 잘 적응한 경우이고, 은둔형,

분노형, 자학형은 적응에 곤란을 겪고 있다고 할 수 있다. 물론 이러한 적응 방식은 일생을 통한 성격 형성 과정의 결과로 나타난다. 그러나 노후 준비를 잘하면 부정적인 적응의 유형이라도 긍정적인 적응 유형으로 바꿀 수 있다.

〈표 4-4〉 노후의 적응

구분	내용
만족형	노년기의 모든 상황을 즐겁게 받아들이는 사람들로, 현 상황에 만족하는 긍정적인 유형
은둔형	남들 앞에 나서는 것을 꺼리는 성격이라 사람 만나는 것을 두려워해서 사람과의 만남을 줄이고 조용한 생활을 하는 유형
노력형	은퇴하고 나서 행복한 삶을 누리기 위해 새로운 직업을 찾거나 미래의 불안을 없애려고 노력하는 유형
분노형	노년기의 삶이 만족스럽지 못하거나 불행하다고 생각하는 사람이 그 원인을 사회나 다른 곳에 돌리는 유형
자학형	노년기의 삶이 만족스럽지 못하거나 불행하다고 생각하는 사람이 그 원인을 자신에게 돌리는 유형
자아통합형	균형 있고, 조화로운 성격으로, 남은 인생을 설계하고 실천하면서 여가를 즐기고 봉사하는 유형

12 노인 우울증

노인 우울증은 65세 이상 인구의 10명 중 1명이 걸릴 수 있으며 노년기의 정신건강과 관련된 가장 흔한 장애다. 노인 우울증의 증상은 기분이 깊게 가라앉거나 절망감·우울감 등 마음의 고통이 나타나 치매와 유사한 행동을 나타낼 때도 있다. 그러나 노인 우울증은 정신적인 증상만이 아니라 두통, 복통이나 위장 장애 등의 신체적 증상으로 나타나는 경우가 많다.

노인 우울증은 다양한 증상으로 나타나기 때문에 우울증이라고 정확하게 진단하지 못하고 지나치기 쉬운 경우가 많다. 노인 우울증을 진단하기 쉽지 않은 이유가 본인이 우울증에 걸렸다는 걸 깨닫지 못할 뿐만 아니라, 가족이나 친구 등 주위의 사람들도 기운이 없는 것은 '나이 탓이다', '늙으면 누구나 잠이 줄어든다', '늙어서 혼자되었으니 기운이 없는 것이 당연하다'라고 이해하여 방치되는 일이 많기 때문이다.

노인 우울증은 크게 세 가지 이유로 나타난다.

첫째, 뇌의 노화가 진행됨에 따라 뇌 자체도 노화하여 실제로 뇌에 포함된 화학물질(신경전달물질) 일부에 양적 변화나 부조화가 나타나 부신

피질, 갑상선, 하수체 등에서 분비되는 호르몬이 우울 상태를 일으키기 쉽다고 보고 있다.

둘째, 심리적으로 노년이 되면 노화에 따라 성격이 변하고, 그 때문에 스트레스에 대응하는 힘이 약해져 우울증이 일어나기 쉽다.

셋째, 사회적 상실은 누구라도 피하기 어려운 경험이지만 노인의 경우에는 상실감이 복합적으로 겹쳐서 타격이 크며 아무리 해도 대처할 수 없으면 우울증을 일으키게 된다.

13 노인 강박신경증

　노인 강박신경증은 의지의 간섭을 벗어나서 특정한 생각이나 행동을 반복하는 상태를 말한다. 특정한 생각이나 행동이 치매와 유사한 행동을 나타낼 때도 있다.

　노인 강박신경증은 잠시 나타나는 증상인 반면에 치매는 지속적으로 증상이 나타난다. 강박증으로 내재한 불안은 조절되지만, 이 강박행동을 중지하면 불안증세가 다시 나타나므로 불합리한 줄 알면서도 반복하게 된다. 즉 원치 않는 지속적인 생각이나 충동, 이미지 등이 자신을 불안하고 힘들게 하는 증상과 더불어 스스로가 통제할 수 없는 행동을 반복적으로 하게 되는 경우를 말한다. 자신은 이러한 생각이나 행동이 비합리적이라는 것을 알지만, 어떻게 이 생각이나 행동을 조절할 수 없으며 일상생활, 학습, 사회적인 활동이나 대인관계에 막대한 영향을 미치게 된다. 강박행동을 억제하면 오히려 불안이 증가한다.

제5장

치매

01 치매의 정의

　치매에 대한 정의는 매우 다양하게 내려지고 있다. 치매를 예방하고 간병하기 위해서는 치매에 대한 정확한 정의를 알아야 한다. 정확하게 알아야 치매에 대하여 대처를 올바르게 할 수 있으며, 치매를 예방할 수 있기 때문이다.

　치매에 대한 영어는 'dementia'인데 이는 라틴어 디멘스(demens)에서 유래된 말로서, de(제거)+mens(정신)+tia(병)로서 '정신이 제거된 질병'을 의미한다. 한자로 치매(癡呆)는 '어리석다' 또는 '미쳤다'의 치(癡)와 '미련하다'의 매(呆)가 결합된 단어로 '어리석고 미련하다'는 의미를 가지고 있다. 국어사전에는 치매는 대뇌 신경세포의 손상 등으로 지능, 의지, 기억 따위가 지속적·본질적으로 상실되는 병을 말한다.

　건강 백과에서는 치매를 '치매는 일단 정상적으로 성숙한 뇌가 후천적인 외상이나 질병 등 외인에 의하여 손상 또는 파괴되어 전반적으로 지능, 학습, 언어 등의 인지기능과 고등 정신 기능이 떨어지는 복합적인 증상'이라고 하였다.

세계보건기구(WHO)에서 펴낸 국제질병 분류를 보면 치매는 '뇌의 만성 또는 진행성 질환에서 생기는 증후군이며 이로 인한 기억력, 사고력, 이해력, 계산능력, 학습능력, 언어 및 판단력 등을 포함하는 고도의 대뇌피질 기능의 다발성 장애'라고 정의하고 있다.

지금까지 나온 치매의 정의를 종합해 보면 치매는 정상적으로 생활해 오던 사람이 다양한 원인으로 인해 뇌의 신경세포 손상으로 인하여 기억장애, 사고장애, 판단 장애, 지남력 장애, 계산력 장애 등과 같은 인지기능과 고등 정신 기능이 감퇴 되고, 시간이 지날수록 언어능력이 저하되고 정서장애, 성격 변화, 신체 기능 장애 등이 수반됨으로써 일상생활이 어려워지며, 대인관계에 장애를 초래하는 노년기 대표적인 신경 정신계 질환이다.

치매는 한가지 원인에 의해서 생기기도 하지만, 여러 가지 원인이 복합적으로 작용해서 나타나기도 한다. 그리고 치매는 나이가 든 노인에게만 나타나는 현상으로 생각하지만 실제로는 빠르면 40대 중반부터 발생하기도 한다. 그러나 일반적으로는 대부분 65세 이상의 노인에게 발생하는 노인성 질환이며, 뇌의 만성 또는 진행성 질환에서 생기므로 치매에 걸리면 시간이 지날수록 증상이 심해진다. 아직까지 치매의 원인은 분석할 수 있지만, 치매를 치료하는 방법은 없다. 물론 신약 개발을 통하여 치매를 치료하기 위한 노력은 하고 있지만 아직까지는 뚜렷한 효과를 보는 약은 존재하지 않는다.

02 치매의 심각성

의학계의 연구 결과에 의하면 치매는 전 세계적으로 65세 이상 노인 중에서 약 5~10% 정도의 유병률을 보이며, 연령의 증가와 더불어 매 5년마다 약 2배씩 유병률의 증가를 나타내고 있다고 한다. 2017년 보건복지부 중앙치매센터에 따르면 만 65세 이상 인구 711만 8천여명 가운데 72만 4천여명이 치매 진단을 받아, 만 65세 이상 노인 중에서 10%가 발병하는 것으로 나타났다.

치매가 중요한 질병으로 등장하자 1995년 국제알츠하이머협회(ADI)와 세계보건기구(WHO)는 영국 에든버러에서 열린 총회에서 매년 9월 21일을 '세계 치매의 날'로 정해서 치매의 위험성을 인식하도록 하였다.

보건복지부의 2018년 통계 자료에 의하면 치매 환자는 10.15%(74.9만명), 2050년에는 15.06%(217만명)로 증가할 것으로 예측되고 있다. 통계자료를 분석해 보면 치매 환자 수의 증가는 매 20년마다 약 2배씩 증가하는 것으로 나타났다.

〈표 5-1〉 치매 환자 추이

구 분	2018년	2025년	2040년	2050년
치매 환자	74.9만명	108만명	217만명	302.7만명
치매 환자 비율	10.15%	10.32%	12.7%	16.09%

출처 : 보건복지부 2022년 통계자료

조사 결과를 분석해 보면 일반적으로 치매는 나이가 들수록 발병율이 높아지며, 남성보다는 여성이 치매에 노출될 확률이 높은 것으로 나타났다. 또한 고학력자보다는 저학력자가 치매에 걸릴 확률이 높은 것으로 나타났다. 고령화에 따른 노인 질병에 대해서도 관심이 증대되었으며, 노인 질병 중에도 만성질환인 치매에 대한 사회적 관심이 높아졌다.

2012년 우리나라 65세 이상 노인 중 치매 환자는 10.2%인데 이는 미국이나 독일 등의 선진국 16%에 비해 1/3 수준에 미치고 있다. 이는 '우리나라 노인에게 치매가 적다'라기 보다는 아직 치매를 의학적으로 접근하려는 경향이 낮은 데서 기인한 결과이다.

현재 치매 환자의 실태를 보면 얼마나 많은 노인들에게 치매가 큰 문제인지, 또 수십 년 안에 치매가 얼마나 중요한 건강 문제가 될지 가늠해 볼 수 있다. 이러한 치매 환자의 급증은 결국 향후 심각한 사회문제가 될 것으로 예상되고 있다.

현재 치매 환자의 실태를 보면 얼마나 많은 노인에게 치매가 큰 문제인지, 또 수십 년 안에 치매가 얼마나 중요한 건강 문제가 될지 가늠해 볼 수 있다. 이러한 치매 환자의 급증은 결국 향후 심각한 사회문제가 될 것으로 예상되고 있다.

03 치매의 문제점

치매는 본인에게도 큰 고통이지만 가족에게는 더욱 큰 아픔이 된다. 따라서 치매 환자를 두게 되면 가족들의 고통은 이루 말할 수 없다. 더욱이 국가는 치매 관리 비용의 증가와 함께 치매 환자의 증가로 여러 가지 어려움에 봉착하게 된다. 치매의 문제점을 보면 다음과 같다.

본인의 고통

- 치매는 초기에는 가벼운 기억에 관련된 장애가 나타나 기억이 저장되지 않을뿐더러 과거의 기억도 잃어버리게 된다.
- 치매가 진행될수록 인지장애 등이 점차 동반됨으로써 판단 능력이 떨어지며, 언어 장애로 인하여 일반적인 사회 활동 또는 대인관계에 어려움을 겪게 된다.
- 치매가 심해지면 행동에 대한 통제가 어려워져 일상생활이 어려워지며, 심하면 대소변의 분변이 어렵게 된다.
- 더욱이 자신에게 위해를 가하거나, 간병인이나 보호자에게 대한 공격적인 행동을 하기도 한다.
- 말기에는 일상생활이 어려워져 누워서 남의 도움을 받아야 하며,

결국은 사망에 이르게 된다.

가족의 고통

- 치매는 노인에게 흔한 질병으로 일반적인 병과는 달리 치매의 경우 평균 5~8년 정도 치매가 진행되고, 신체적인 기능들이 떨어져 결국은 생존 자체를 어렵게 만든다.

- 치매에 걸리면 본인 스스로 세상을 살아가거나 치료받기 어렵기 때문에 누군가는 부양해야 한다.

- 부모나 배우자가 치매에 걸리면 가족은 길게는 10년 가까이 치매 환자를 돌봐야 한다. 요양 기간이 길게는 수년이 걸리기 때문에 본인과 가족에게 상당한 고통을 주게 된다.

- 만성 퇴행성 질환인 치매는 다양한 정신 기능 장애로 환자의 정서적 활동뿐만 아니라 일상생활, 즉, 식사하기, 대소변 보기, 목욕하기, 옷 갈아입기, 몸단장하기 등의 장애까지 초래하게 된다.

- 치매 환자는 극심한 정신적인 장애와 함께 흔히 신체적인 장애까지 겸하여 다루기가 어렵고 사물을 이성적으로 판단하지 못하고 자기 스스로 생활할 수 없기 때문에 간호와 부양에 어려움이 심각하다.

- 가족에 의한 치매 노인의 부양은 어린아이를 보는 것보다 더 힘들기 때문에 육체적으로도 매우 고단한 일이다.

- 더 큰 문제는 병원비용과 수발과 간호에 들어가는 관리비용의 증가로 인하여 경제적으로 어려움이 크다. 이로 인해 치매 환자를 부양하려는 가족은 점차 줄어가고 있다.

- 치매는 장기적인 치료를 필요로 하는 질환이기 때문에 가족 가운데 치매 노인이 있으면 경제적 부담은 물론 심리적인 부담감이 매우 큰 노인성 질환이며, 심지어 이로 인해 가족의 기능마저 와해되는 경우가 있다.

국가 부담 증가

보건복지부가 발표한 치매 관리 비용과 치매 치료에 들어가는 관리 비용의 규모를 2012년에는 10조 3천억원이 소요되었다. 2025년에는 30조원이 필요하며, 2030년에는 78.4조원이 필요하며, 2050년에는 134.4원이 필요할 것으로 예측하고 있다. 이처럼 치매 환자의 증가는 국가 재정에 큰 부담을 주게 되며, 치매 인구 증가에 따른 치매 환자의 관리에 대한 부담이 증가하게 된다. 이를 위해서 우리나라에서는 2017년부터 '치매국가 책임제'를 선언하고 2018년부터 전국의 지방자치단체마다 치매안심센터를 설립하도록 하였다.

〈표 5-2〉 치매관리 및 치매 환자 관리 비용 추이

구 분	2012년	2025년	2040년	2050년
치매관리 및 치매 환자 비용	10조 3000억원	30조원	78조 4000억원	134조 6000억원

출처 : 보건복지부

04 치매의 특징과 위험 요인

　　치매는 나이가 들면 뇌가 퇴행하면서 생기며, 아무도 모르게 시작되어 서서히 심해지는 것이 일반적인 형태다. 치매는 노인에게 흔히 나타나는 건망증이나 노망 같은 노인성 질환과는 다르다. 노인이 되면서 자연스럽게 두뇌 기능이 떨어짐으로써 나타나는 노인성 질환을 치매로 오해하기 쉬운데, 치매는 후천적으로 뇌가 손상되면서 이루어지기 때문에 차이가 있다.

　　치매로 판정하기 위해서는 다음과 같은 특징을 가지고 있어야 한다.
❶ 치매는 선천적인 것이 아니라 후천적으로 나타나는 현상이어야 한다.
❷ 뇌의 부분적 손실로 나타나는 증상이 아니라 전반적인 손상으로 나타나는 정신 증상으로 나타난다.
❸ 기억 · 지능 · 인격 기능의 장애가 전반적으로 있어야 한다.
❹ 의식의 장애가 없어야 한다.

치매는 정상적인 뇌가 후천적인 질병이나 외상 등에 의한 손상으로 인지기능과 고등지식학습의 기능이 떨어지는 복합적인 증상이다. 치매에 잘 걸리도록 하는 위험인자가 있다. 위험인자는 어떤 질환의 발생 확률을 직접적·간접적으로 상승시키는 신체적 또는 생활 습관적 요인을 말한다. 지금까지 치매의 원인을 종합해보면 치매를 발병하게 하는 몇 가지 중요한 위험인자가 있다는 것을 알 수 있다. 잘 알려진 위험인자는 다음과 같다.

노화

노화는 치매를 발병하게 하는 가장 중요한 위험인자로, 나이가 들수록 치매의 발병위험은 높아진다. 대부분의 치매 발병은 65세 이상의 노인부터 연령이 높아질수록 발병률이 높아진다. 역학조사에 의하면 65세 이후 5년마다 발병률이 2배 이상 증가하므로, 65세 이후의 노화는 알츠하이머병 발생의 가장 큰 위험인자라고 할 수 있다.

가족력

가족력이란 가족이라는 혈연관계에서 나타나는 유전적 또는 체질적 질환을 말한다. 부모가 모두 알츠하이머병에 걸린 경우 그 자손이 80세까지 알츠하이머병에 걸릴 위험도가 54%로, 부모 중 한쪽이 환자일 때보다 1.5배, 부모가 정상일 때보다 5배 더 위험도가 증가하는 것으로 나타났다. 따라서 부모가 치매에 걸린 경우 가족력으로 자녀에게도 영향을 준다는 것을 알 수 있다.

성별

치매는 일반적으로 남성보다는 여성에게 많이 나타나며, 특히 알츠하이머병의 경우는 13% 정도 발병 위험이 높은 것으로 나타났다.

환경 요인

치매는 알코올과 흡연 같은 각종 독성 유해 물질을 섭취하게 되면 치매에 걸릴 확률이 높아지게 된다. 그리고 혈관성 치매도 소금이나 지방 등에 의하여 나쁜 영향을 받기 때문에 환경 요인이 중요한 위험인자라고 할 수 있다.

두부 외상

치매는 뇌에 손상이 생기는 외부 원인에 의해서도 발병한다. 따라서 의식을 잃을 정도로 심하게 머리를 다치거나 경미하지만, 여러 차례 머리를 반복해서 다친 경우 치매 발병률이 높아진다.

교육 수준

치매 환자의 교육 연한을 살펴보면 고학력자보다는 저학력자가 많이 걸리는 것으로 나타났다. 결국 뇌를 많이 쓰는 고학력자일수록 정신계 손상을 감소시켜 치매 예방에 도움이 된다는 것이다.

성인병

치매는 다양한 요인으로 발병하는데 그중에서도 고혈압, 당뇨병, 비만, 이상 지질 혈증, 심장병 같은 합병증으로 치매가 발생할 수 있다.

우울증

노인성 우울증이 심해지면 뇌에서 도파민이라는 집중력을 관장하는 호르몬 분비가 적게 분출되고, 이로 인해 점차 기억력 장애가 생기게 된다. 따라서 노인의 우울증은 치매 발병률을 높일 수 있다.

05 치매의 진행 단계

치매의 원인 중 가장 많은 알츠하이머병의 증상에 대해서 뉴욕의대의 실버스타인 노화와 치매연구센터의 배리 라이스버그(Barry Reisberg) 박사는 알츠하이머병의 진행 단계에 따라 증상을 아래와 같이 7단계로 구분하였다.

〈표 5-3〉 치매의 진행 단계

구 분	내 용
1단계	정상
2단계	매우 경미한 인지장애
3단계	경미한 인지장애
4단계	중등도의 인지장애
5단계	초기 중증의 인지장애
6단계	중증의 인지장애
7단계	후기 중증 인지장애

1단계 : 정상

대상자와의 임상 면담에서도 기억장애나 특별한 증상이 발견되지 않은 정상적인 상태를 말한다.

2단계 : 매우 경미한 인지장애

2단계에서는 정상적인 노화 과정으로 알츠하이머병의 최초 증상이 나타나는 시기이다. 정상일 때보다 기억력이 떨어지며 건망증의 증상이 나타나지만, 임상 면담에서는 치매의 뚜렷한 증상이 발견되지 않기 때문에 매우 경미한 인지장애 상태라고 한다. 2단계는 특별한 단정을 짓기는 어렵지만 경미하게 인지장애가 나타나는 단계로 임상 평가에서 발견되지 않기 때문에 주변 사람들도 대상자의 이상을 느끼지 못한다.

3단계 : 경미한 인지장애

3단계에서는 정상 단계에 비하여 경미한 인지장애가 뚜렷하게 나타나기 때문에, 주변 사람들도 대상자의 치매가 시작되었다는 것을 눈치채기 시작하는 단계다. 3단계에 이르게 되면 기억력의 감소가 시작되어 전에 했던 일이 기억이 잘 나지 않으며, 단어가 금방 떠오르지 않아 말이 자연스럽지 않고, 물건을 엉뚱한 곳에 두거나 잃어버리기도 한다.

4단계 : 중등도의 인지장애

4단계는 임상 면담에서 중등도의 인지장애가 발견되는 단계로 경도 또는 초기의 알츠하이머병이 진행되는 단계다. 4단계에서는 자세한 임상 면담을 통해서 여러 인지 영역에서 분명한 인지 저하 증상을 확인할 수 있다. 4단계에 이르게 되면 자신의 생활에서 일어난 최근 사건을 잘 기억하지 못하여, 기억을 잃어버리는 일이 자주 발생한다. 그리고 수의 계산이나 돈 계산능력의 저하가 나타난다.

5단계 : 초기 중증의 인지장애

5단계는 임상 면담에서 초기 중증의 인지장애가 발견되는 단계로 중기의 알츠하이머병이 진행되는 단계다. 5단계에서는 기억력과 사고력 저하가 분명하고 일상생활에서 다른 사람의 도움이 필요해지기 시작한다.

5단계에 이르게 되면 자신의 집 주소나 전화번호를 기억하기 어려워하며 길을 잃거나 날짜, 요일을 헷갈려 한다. 하지만 자신이나 가족의 중요한 정보는 기억하고 있으며 화장실 사용에 도움을 필요로 하지는 않는다.

6단계 : 중증의 인지장애

6단계는 임상 면담에서 중증의 인지장애가 발견되는 단계로 중 중기의 알츠하이머병이다. 6단계에서는 기억력은 더 나빠지고, 성격 변화가 일어나며 일상생활에서 많은 도움이 필요하게 된다.

6단계에 이르게 되면 최근 자신에게 일어났던 일을 인지하지 못하고 주요한 자신의 과거사를 기억하는 데 어려움을 겪는다. 그리고 익숙한 얼굴과 익숙하지 않은 얼굴을 구별할 수는 있으나, 배우자나 간병인의 이름을 기억하는 데 어려움이 있다. 또한 대소변 조절을 제대로 하지 못하기 시작하여 다른 사람의 도움이 필요하기 시작한다. 그리고 옷을 혼자 갈아입지 못하여 다른 사람의 도움이 없이는 적절히 옷을 입지 못한다. 할 일 없이 배회하거나, 집을 나가면 길을 잃어버리는 경향이 있기 때문에 주의를 기울여야 한다. 성격이 변화되거나 행동에 많은 변화가 생긴다.

7단계 : 후기 중증의 인지장애

마지막 7단계는 후기 중증 인지장애 또는 말기 치매 단계를 말한다. 7단계에서는 이상 반사와 같은 비정상적인 신경학적 증상이나 징후가 보여 정신이나 신체가 자신의 통제를 벗어나게 된다.

7단계에 이르게 되면 식사나 화장실 사용 등 개인 일상생활에서 다른 사람의 상당한 도움을 필요로 하게 되며, 누워서 생활하는 시간이 많아지게 된다.

06 치매로 인한 인지기능 장애

인지기능이란 지식과 정보를 효율적으로 조작하는 능력을 말한다. 치매에 걸리면 인지기능에 장애가 생기는데 치매와 관련된 인지에는 지남력. 집중력, 지각력, 기억력, 판단력, 언어력, 시공간력, 계산능력 등을 들 수 있다.

기억력 장애

치매 환자에게 가장 흔하게 나타나는 증상이 기억력 장애다. 기억력 장애는 알츠하이머병뿐만 아니라 모든 치매에서 공통적으로 나타날 수 있는 증상으로서 초기에는 단기 기억력의 감퇴가 주로 나타나며 점차 장기 기억력도 상실하게 된다.

• 단기기억

주로 치매 초기에 나타나는 특징이며 최근에 일어난 사건에 대한 단기 기억의 상실이 장기기억의 상실에 비해 두드러지게 나타난다. 이러한 기억장애는 의사소통에서 똑같은 말을 반복하거나 더듬고 익숙한 장소에서도 방향감각을 잃어버리고, 친구와의 약속·약 먹는 시간·친구나 심하면 가족의 이름이나 전화번호 등을 잊어버리기도 한다. 또 물을 사용하다 그대로 틀어 놓는다거나 전기장판이나 가스 불을 끄지 않은 채 그대로 내버려 두어 화재의 위험에 노출되기도 한다.

치매 환자는 본인이 기억의 나지 않는다는 것을 인정하고 싶지 않으므로 기억을 보충하기 위하여 거짓말을 만들어 말하는 작화증이 나타나기도 한다.

- 장기기억

치매의 진행이 오래되어 심해지면, 비교적 잘 유지해 왔던 장기기억에도 문제가 생겨 본인의 생일을 기억하지 못하거나 문제를 방치하면 가족의 얼굴조차 잊어버려 본인은 모르지만, 자신이 사랑하는 가족을 슬프게할 수도 있다.

지남력 장애

지남력이란 시간과 장소, 상황이나 환경 따위를 올바로 인식하는 능력을 말한다. 치매에 걸리면 초기에는 지남력 저하를 보이는데 시간, 장소, 사람을 측정하는 능력이 떨어지게 된다.

초기에는 시간 장소, 사람 순으로 저하된다. 즉 환자는 지금이 몇 년도인지, 몇 월 인지, 무슨 요일인지의 날짜 구분이 어려우며 혹은 지금이 무슨 계절인지, 현 장소에 대한 인식과 본인, 타인의 정체성도 망각하게 된다.

공간능력의 장애

사물의 크기, 공간적 성격을 인지하는 능력을 말한다. 치매에 걸리면 시공간을 인식하는 능력에 장애가 생겨 익숙한 거리에서 길을 잃거나, 심하게는 집안에서 방이나 화장실 등을 찾아가지 못하는 증상으로까지 발전할 수 있다. 또한 이는 자동차를 운전하는 경우는 목적지를 제대로 찾아갈 수 없는 상황을 초래하기도 한다.

계산능력 저하

물건 또는 값의 크기를 비교하거나 주어진 수나 식(式)을 연산의 법칙에 따라 처리하여 수치를 구하는 능력을 말한다. 치매에 걸리면 계산 능력이 떨어져 간단한 계산도 못하는 증상이 나타난다.

시지각 기능 저하

시각을 통해 수용한 시각적 자극을 정확하게 인지하는 능력만이 아니라 외부 환경으로부터 들어온 시각 자극을 선행경험과 연결하여 인식, 변별, 해석하는 두뇌활동을 말한다. 치매에 걸리면 형태, 모양, 색깔을 구별 못하는 증상들이 나타난다.

판단력 장애

사물을 올바르게 인식·평가하는 사고 능력을 말한다. 치매에 걸리면 무엇을 결정할 때 시간이 걸리거나 잘못 결정하는 장애를 말한다. 치매 환자가 이 증상을 보이게 되면 직장뿐만 아니라 가정에서도 뚜렷한 이상이 있는 것으로 인식된다. 사물을 인지하지 못하거나 그 의미를 파악하

지 못하여 사물의 모양이나 색깔은 파악할 수 있지만 그 사물이 무엇이
며 용도를 모른다. 판단력이 흐려져 결정을 잘 못하거나, 돈 관리를 제대
로 하지 못하며, 필요 없는 물건을 구입하기도 한다.

집중력 저하

어떤 일을 할 때 상관없는 주변 소음이나 자극에 방해받지 않고 그
일에만 몰두하는 능력을 말한다. 집중력은 환경과 감각으로부터 얻어진
정보를 통해 결정을 내리는 것을 돕는데, 치매에 걸리면 집중력이 떨어
진다.

07 치매로 인한 신체기능 장애

치매에 걸리는 나타나는 신체적인 특성은 비교적 치매 후기에 나타나는 현상이다. 치매 환자의 신체적 특징은 환자 신체 자체에 여러 가지 질환이 나타나기도 하지만, 그로 인한 이차적인 합병증 유발, 지적 기능 저하로 인해 일상생활 등에서도 장애가 나타난다.

신체의 실행 능력 저하

실행 능력 저하는 감각 및 운동기관이 온전한데도 불구하고 해야 할 행동을 실행하지 못하는 것을 일컫는다. 신을 신고 운동화 끈을 매지 못한다든가 하는 증상, 식구 수대로 식탁을 차리는 일에 어려움을 느끼게 되거나, 옷을 입는 단순한 일에서 조차 장애가 나타나게 한다.

근위축

근위축이 심해지면 신체적 움직임이 점차로 줄어들고, 보행이 불안정해지며, 식사와 착의, 세면, 개인위생이 어려워지며, 배뇨 및 배변 등에 이르기까지 장애를 초래한다.

합병증

신체 기능 장애는 신체적 질병에 대한 저항력을 떨어뜨려 합병증을 일으키는 경우가 많다. 치매 환자들의 대다수가 고령이므로 고혈압과 뇌졸중, 심장질환, 신경통, 피부질환, 호흡기질환, 관절염, 마비 등의 병에 걸리는 경우가 많다.

부상 증가

신체 기능 장애가 생기면 신체의 기능을 조절하지 못하기 때문에 쉽게 넘어지거나, 벽이나 침대에 부딪힘으로 인해서 신체적 장애를 입을 수 있다.

08 치매로 인한 정서적인 장애

정서란 사람의 마음에 일어나는 여러 가지 감정을 말하며, 치매에 걸리게 되면 정서적인 장애가 나타난다. 치매로 인하여 나타나는 정서적인 장애는 다음과 같다.

인격 변화

환자가 본래 가지고 있던 성격이 내성적으로 바뀌고 자신의 행동이 다른 사람에게 미치는 영향에 대해 개의치 않는 것을 말한다. 치매 환자의 인격 변화는 환자의 가족들을 가장 괴롭히는 양상이다. 편집증적인 망상을 가지고 있는 치매 환자는 전반적으로 가족들과 간호하는 사람에게 적대적으로 변하는 경우가 많다.

성격 변화

치매에 걸리면 점차 세상일에 대해서 무관심해지고, 특히 다른 사람과의 만남을 꺼려하고, 만나도 다른 사람의 욕구에 전혀 관심이 없어진다. 그리고 모든 것을 자기중심적으로 생각하고, 이기적으로 되어 간다. 그리고 활동적이던 사람도 치매에 걸리면 수동적이 되고 냉담해진다.

외모에 대한 관심의 변화

치매에 걸리면 점차 자신의 외모에 관심이 없어지고 깔끔하던 사람이 위생관념이 없어져 지저분하게 보이고 모든 활동에 흥미와 의욕이 없어지는 등 우울감이 심해진다.

정신 장애

치매에 걸리면 불안, 초조, 우울증, 심한 감정의 굴곡, 감정, 실조 무감동 등이 발생한다. 또한 환청, 환시, 환촉 같은 감각기능 상의 장애가 발생하며, 피해망상증이 흔히 발생하기도 한다. 이로 인해 발생하는 행동 장애는 공격적 행동이 나타나 자해하거나 타인에게 위해를 끼친다.

공격적 성향

치매가 심해지면 자신의 신체를 자해하거나, 공격적 성향이 나타나 타인에게 위해를 끼치게 된다.

기타

치매에 걸리면 점차 소유개념을 잃어 염치를 모르게 되고 도덕관, 수치심, 성적으로 추한 행동을 스스럼없이 하기도 한다. 또한 고집스럽게 변하여 자기로 인하여 다른 사람에게 미치는 부정적인 영향을 전혀 인식하지 못하게 된다.

09 치매 국가책임제

정부는 2017년 7월 치매 국가책임제 공약을 발표하였다. 치매 국가책임제는 문재인 대통령의 대표적인 공약 중 하나로서 급증하는 치매 환자의 증가에 따라 이를 개인의 부담으로 돌리기보다 국가가 앞장서서 국가돌봄 차원으로 격상하여 해결하겠다는 의지를 보인 정책이다.

치매 국가책임제는 치매 예방, 조기 발견, 지속적 치료 및 관리 등을 통해 치매로 인한 사회적, 경제적 비용을 절감하자는 취지로 추진되고 있다. 이를 위해서 구체적으로 치매지원센터 지원, 치매 안심 병원 설립, 치매 의료비 부담완화, 전문 요양사 파견제 도입 등을 확충하는 것으로 되어 있다.

치매 국가책임제 공약 이행의 일환으로, 2018년부터 본격적인 치매 국가책임제의 시행을 위해 총 2,023억 원 규모의 추경예산을 통해 전국 치매안심센터와 치매 안심 병원을 확충하기로 했다.

2023억 원의 치매 예산은 구체적으로 치매안심센터를 252개소로 확대하는데 1,230억 원, 치매안심센터의 1개월 운영비 188억 원, 전국 공립요양병원에 치매 전문 병동 확충에 605억 원이 편성되었다.

10 치매센터와 치매안심센터

    정부는 2008년 9월 '치매와의 전쟁'을 선포한 후 국회는 2011년 8월 '치매관리법'을 제정하여 치매를 안정적이고 효율적으로 관리해 나갈 수 있는 기반을 마련했다.

    치매 진료의 전문화, 연구·개발, 치매 서비스의 질 관리 등을 추진하고, 전국 규모의 체계적이고 표준화된 치매 사업의 확대를 위하여 중앙 단위의 컨트롤타워가 필요하였다. 이에 보건복지부는 2012년 2월 발효된 '치매관리법'에 따라 2012년 5월 분당 서울대학교병원을 '치매와의 전쟁'의 컨트롤타워 역할을 수행할 수 있는 '중앙치매센터'로 지정했다.

    중앙치매센터에는 전문교수, 간호사, 사회복지사, 임상심리사, 작업치료사 등의 전담 직원이 치매예방과 조기 발견 및 치료 방법 연구, 치매 관계자 관리 및 교육을 실시하여 치매 환자와 치매 환자와 가족의 행복 증진에 기여하고 치매 인식개선을 위해 노력하고 있다.

시설기준

- 사업수행을 위하여 필요한 사무실, 회의실, 교육·세미나실 등을

마련해야 한다.

- 위탁 운영의 경우에는 위탁받은 기관의 기존 시설 활용이 가능하다.

- 위탁받은 기관 내 설치를 원칙으로 하되, 부득이한 경우 주무 부처와 협의하여 기관 밖에 설치가 가능하다.

인력 기준

- 배치 기준 : 센터장 1인, 부센터장 1인, 팀장 각 1인 및 팀원 15인 내외를 배치해야 한다.

- 센터장은 위탁받은 기관의 직위와 겸직이 가능하나 주 2일(16시간) 이상 근무할 수 있어야 한다.

- 센터장은 다음 ①~⑤의 어느 하나에 해당하면서, 보건복지 분야 석사학위 이상 소지자 중 노인 관련 보건복지 분야 7년 이상 근무 경력자이어야 한다.
① 「의료법」에 따른 의료인
② 「사회복지사업법」에 따른 사회복지사
③ 「정신보건법」에 따른 정신보건전문요원
④ 5급 이상 공무원으로서 국가 또는 지방자치단체에서 보건복지 사업에 관한 행정업무에 5년 이상 종사한 경력이 있는 사람
⑤ 상기 4가지 중 어느 하나에 준하는 자격을 소지한 사람

- 부센터장은 상기 ①~⑤의 어느 하나에 해당하면서, 보건복지 분야 석사학위 이상 소지자 중 노인 관련 보건복지 분야 5년 이상

경력자이어야 한다.

- 팀장은 업무수행에 필요한 석사학위 이상 소지자 중 노인 관련 보건복지 분야 3년 이상 경력자이어야 한다.

역할

- 광역치매센터 업무의 총괄·조정 및 기술 제공, 원활한 협조체계 구축 등을 지원해야 한다.

- 업무수행의 효율성 제고에 필요한 사항에 대하여 광역치매센터와 반기별로 회의를 개최, 의견을 수렴하고 그 결과를 사업 운영에 반영해야 한다.

- 조직, 인사, 급여, 그 밖에 운영에 필요한 규정을 두고 이에 따라 센터를 운영하며, 다음의 기록 및 서류를 갖추어야 한다.
① 기관의 연혁, 운영 및 인사에 관한 기록
② 재산 목록과 그 소유권 또는 사용권에 관하여 확인할 수 있는 서류
③ 최근 3년 동안의 업무수행에 관한 자료

- 사업계획 및 실적, 예산·결산 및 조직운영 현황 등에 관한 자료를 반기별로 보건복지부에 보고해야 한다.

주요 업무

- 치매 연구 사업에 대한 국내외의 추세 및 수요 예측

- 치매 연구 사업 계획의 작성

- 치매 연구 사업 과제의 공모 · 심의 및 선정

- 치매 연구 사업 결과의 평가 및 활용

- 치매 환자의 진료

- 재가 치매 환자 관리 사업에 관련된 교육 · 훈련 및 지원 업무

- 치매 관리에 관한 홍보

- 치매와 관련된 정보 · 통계의 수집 · 분석 및 제공

- 치매와 관련된 국내외 협력

- 치매의 예방 · 진단 및 치료 등에 관한 신기술의 개발 및 보급

치매관리 전달체계

- 중앙치매센터 : 분당 서울대학교병원

- 권역치매센터 : 지방 국립대병원에 설치된 노인보건의료센터에 개설

- 치매안심센터 : 전국 보건소의 치매상담실 및 사무실 등을 활용하여 치매 관리사업의 실무적인 일을 수행한다.

  – 치매안심센터에 따라 업무의 차이는 있지만 일반적으로 대부분의 치매안심센터에서는 60세 이상 시민에게 치매선별 검사를 무료로 실시한다.

  – 치매 고위험군에 대해서는 진단 검사, 감별검사를 협력 병의원에 의뢰하여 조기 질환 발견 및 치료를 관리하고 있다.

－ 치매 환자 치료비 지원 대상자에 대해서는 월 3만 원 이내의 약제비를 지원하여 경제적 부담을 경감하고, 치매 재활 프로그램을 통하여 인지능력을 향상시켜 증상 완화 및 가족에게 치매 환자 간병과 관련한 교육을 실시하여 환자를 이해하고 소통하는 장을 마련한다.

• 거점병원 : 공립요양병원 중 예산을 지원받아 치매인지 재활 서비스 등을 제공하면서 치매 임상 기능의 질 제고를 도모하는 병원을 말한다.

중앙치매센터 분당 서울대학교병원

11 치매 상담 콜센터

치매 상담 콜센터는 치매 환자나 그 가족, 전문 케어 제공자, 치매에 대해 궁금한 일반인은 누구나 이용할 수 있으며, 전국 어디서나 국번 없이 '1899 - 9988'로 전화하면 24시간, 365일 연중무휴로 이용할 수 있다.

전화번호인 '1899 - 9988'은 18세 기억 99세까지, 99세까지 88하게 살라는 의미다.

시설 기준

- 상담받는 사람의 신분, 사생활 및 상담내용 등 노출 방지를 위한 칸막이, 효과적인 상담·교육 프로그램 등 운영을 위한 장비(녹취기, 카메라 등) 등 상담 수행을 위한 적합한 공간과 설비를 갖추어야 한다.

- 위탁받은 기관 내 설치를 원칙으로 하되, 부득이한 경우 주무 부처와 협의하여 기관 밖에 설치가 가능하다.

인력 기준

- 배치 기준은 센터장 1인, 상담팀장 1인, 전문·일반 상담원 및 사무 보조원을 두어야 한다.

- 센터장은 위탁받은 기관의 직위와 겸직이 가능하나 주 2일(16시간) 이상 근무해야 한다.

자격 기준

- 센터장, 상담팀장, 전문·일반 상담원 및 사무 보조원은 아래 기준을 충족해야 한다.

- 센터장은 다음 ① ~④의 어느 하나에 해당하면서, 노인 관련 보건복지 분야에서 7년 이상 경력자이어야 한다.

① 「의료법」에 따른 의료인
② 「사회복지사업법」에 따른 사회복지사
③ 「정신보건법」에 따른 정신 보건 전문 요원
④ 이에 준하는 자격을 소지한 사람

역할

- 치매 환자와 가족에 대한 전화 상담을 실시하고, 동의를 받아 지속적인 사례관리와 자원 연계 등을 지원하여야 한다.

- 월별로 상담실적을 정리하고 치매 환자와 가족의 주요 정책제안 및 제도 개선사항에 대한 요구를 수집하여 보고하여야 한다.

- 상담원 채용 시 치매 전문상담 능력 향상을 위하여 2개월 범위에서 이론 및 실습 교육을 이수하는 수습 기간을 둘 수 있다.

- 조직, 인사, 급여, 그 밖에 운영에 필요한 규정을 두고 이에 따라 센터를 운영하며, 다음의 기록 및 서류를 갖추어야 한다.
  - 기관의 연혁, 운영 및 인사에 관한 기록
  - 재산 목록과 그 소유권 또는 사용권에 관하여 확인할 수 있는 서류
  - 최근 3년 동안의 업무수행에 관한 자료

- 사업 계획 및 실적, 예산·결산 및 조직 운영 현황 등에 관한 자료를 반기별로 보건복지부에 보고하여야 한다.

제6장

스마트경로당

01 경로당의 정의

경로당은 노인들이 모여 여가생활을 즐기고, 다양한 프로그램을 통해 사회 활동을 할 수 있는 시설이다. 경로당의 기능은 지역사회의 공동체 역할을 수행하며, 노인들의 건강 증진과 사회적 고립 예방에 기여하고 있다.

2023년말 현재, 대한민국에는 약 69,000개의 경로당이 운영되고 있다. 이는 2017년말 65,604개 대비 약 3,400여개가 증가한 수치이다. 경로당이 증가하는 이유는 노인 인구 증가와 노인복지 정책의 확대에 따라 점차 증가하고 있는 추세이기 때문이다. 더욱이 노인 인구의 증가와 함께 새로운 아파트 단지가 생기면 단지 안에 노인정을 만들기 때문에 앞으로 노인정은 더욱 증가할 것으로 예측할 수 있다.

경로당의 이용 현황을 살펴보면, 노인들 인구 중에서 평균 이용률은 약 70%이다. 경로당 이용률은 지역별로 차이가 있는데, 도시 지역은 노인들의 여가를 선용할 수 있는 거리가 많아 이용률이 낮은 편이지만, 농촌의 노인들은 상대적으로 여가를 선용하는 곳으로 경로당을 가장 많이 용하기 때문에 이용률이 상대적으로 높다. 경로당을 이용하는 노인들의 연령층은 70대 이상이 가장 많고, 60대, 80대 이상이 그 뒤를 잇고 있다.

02 경로당의 기능

경로당은 크게 다음과 같은 기능을 수행한다.

- 여가 활동 : 경로당은 노인들이 다양한 여가 활동을 즐길 수 있는 공간을 제공한다. 장기, 바둑, 노래, 체조 등 다양한 프로그램이 운영되고 있다.

- 사회 활동 : 경로당은 노인들이 다양한 사회 활동에 참여할 수 있는 기회를 제공한다. 지역주민들과 소통하고, 지역사회에 기여할 수 있는 기회를 제공한다.

- 건강 증진 : 경로당은 노인들의 건강 증진을 위한 다양한 프로그램을 제공한다. 건강 정보 제공, 건강 체조, 원격 진료 등 다양한 프로그램이 운영되고 있다.

- 사회적 고립 예방 : 경로당은 노인들의 사회적 고립을 예방하기 위한 공간이다. 다른 노인들과 교류하고, 사회적 관계를 형성할 수 있는 기회를 제공한다.

경로당은 노인들의 삶의 질 향상에 중요한 역할을 하고 있다. 경로당을 통해 노인들이 건강하고 활기찬 노후 생활을 보낼 수 있도록 지원하는 것이 중요하다.

03 경로당의 과제

경로당은 노인들의 삶의 질 향상을 위한 중요한 역할을 하고 있지만, 아직 해결해야 할 과제들이 있다.

- 시설 및 프로그램의 다양성 부족 : 경로당의 시설과 프로그램은 아직도 다양성이 부족한 편이다. 일부 경로당은 시설이 노후화되어 있고, 프로그램이 단순 반복적인 경우가 많다.

- 이용자의 요구에 대한 미반영 : 경로당의 프로그램은 아직도 이용자의 요구를 충분히 반영하지 못하고 있다. 노인들의 요구는 다양하고 빠르게 변화하고 있으므로, 경로당의 프로그램도 이에 맞게 변화해야 한다.

- 운영상의 어려움 : 경로당의 운영은 지방자치단체나 지역주민들의 자발적 참여에 의존하는 경우가 많다. 운영에 대한 지원이 부족하여 경로당이 제대로 운영되지 못하는 경우가 있다.

이러한 과제들을 해결하기 위해서는 다음과 같은 노력이 필요하다.

04 스마트경로당의 정의

    스마트경로당이란, 정보통신기술(ICT)을 활용해 어르신들의 편의성을 높이고, 다양한 서비스를 제공하는 현대화된 경로당을 말한다. 즉. 스마트경로당은 기존 경로당에 정보통신기술(ICT)을 접목하여 어르신들의 여가복지, 건강 및 돌봄 기능을 강화한 경로당이다.

    스마트경로당은 2020년 12월 과학기술정보통신부(MSIT)에서 처음 추진되었으며, 2021년부터 본격적으로 운영되고 있다. 스마트경로당에서는 건강관리, 여가생활, 교육 프로그램, 사회적 교류 활동 등을 지원하는 스마트 기기와 시스템이 구비되어 있다. 예를 들어, 웨어러블 기기를 통한 건강 모니터링, 태블릿을 이용한 인터넷 강의 수강, 자동화된 안전 점검 시스템 등이 포함된다. 이러한 스마트경로당은 어르신들 삶의 질을 향상하고, 건강을 증진하고, 사회적으로도 활발히 참여할 수 있는 기회를 제공한다.

    국내에서는 2023년말 기준으로 전국에 약 69,000여개의 경로당 중에서 1,600개(2.3%)가 스마트경로당을 운영하고 있다. 정부는 2025년까지 전국 경로당의 14,000개(20%)를 스마트경로당으로 전환하는 것을 목표로 하고 있다.

05 스마트경로당의 필요성

스마트경로당의 필요성은 다음과 같다.

- 어르신들의 디지털 격차 해소 : 정보화 사회로의 급격한 변화로 인해 어르신들의 디지털 격차가 심화되고 있다. 스마트경로당은 어르신들이 스마트 기기와 인터넷을 활용할 수 있도록 교육과 지원을 제공함으로써 디지털 격차 해소에 기여한다.

- 어르신들의 건강 증진 : 스마트경로당은 어르신들의 건강 증진을 위한 다양한 프로그램을 제공한다. 스마트 헬스 기기를 활용한 운동 프로그램, 원격 진료, 건강 정보 제공 등 다양한 프로그램이 제공됨으로써 어르신들의 건강 증진에 기여한다.

- 어르신들의 사회적 고립 예방 : 고령화 사회로 접어들면서 어르신들의 사회적 고립이 심화되고 있다. 스마트경로당은 어르신들이 원격 교류, 온라인 커뮤니티 등을 통해 사회적 관계를 형성하고, 사회적 고립을 예방할 수 있도록 지원한다.

- 어르신들 삶의 질 향상 : 스마트경로당은 어르신들 삶의 질 향상을 위한 다양한 프로그램을 제공한다. 교육, 여가, 문화 등 다양한 프로그램을 통해 어르신들이 보다 풍요롭고 활기찬 노후 생활을 보낼 수 있도록 지원한다.

06 스마트경로당의 효과

스마트경로당의 효과는 다음과 같다.

- 어르신들의 건강 상태에 대한 정확한 파악 : 스마트경로당의 실시간 건강 모니터링 기능을 통해 어르신들의 건강 상태를 보다 정확하고 신속하게 파악할 수 있다. 이를 통해 어르신들의 건강 상태에 대한 변화를 보다 빠르게 감지하고, 필요한 경우 적절한 조치를 취할 수 있다.

- 치매 발병 예방 : 스마트경로당의 치매 예방 콘텐츠를 통해 어르신들의 인지 기능을 향상시키고, 치매 발병을 예방할 수 있다.

- 건강 향상 : 스마트경로당의 건강관리 기능을 통해 어르신들의 건강 상태에 대한 걱정을 줄이고, 보다 안심하고 건강한 노후 생활을 영위할 수 있다.

- 삶의 질 향상 : 스마트경로당의 다양한 여가 프로그램을 통해 어르신들이 다양한 분야의 지식을 습득하고, 문화생활을 즐길 수 있다. 이를 통해 어르신들 삶의 질이 향상될 것으로 기대된다.

- 사회로부터의 고립 예방 : 스마트경로당의 원격 교류 및 소통 기

능을 통해 어르신들이 사회로부터 고립되지 않고, 활발한 사회 활동을 할 수 있도록 지원한다. 이를 통해 어르신들의 사회 참여가 확대되고, 건강한 노후 생활을 영위할 수 있을 것으로 기대된다.

- 여가 활동 증진 : 스마트경로당의 다양한 기능을 통해 어르신들이 보다 다양하고 풍요로운 여가 활동을 즐길 수 있을 것으로 기대된다.

- 어르신들의 디지털 격차 해소 : 스마트경로당의 다양한 기능을 효과적으로 이용하기 위해서는 어르신들의 디지털 격차 해소가 필요하다. 이를 위해 어르신들을 대상으로 디지털 교육을 실시하고, 스마트 기기 사용에 대한 지원을 제공해야 한다.

- 요구 사항 반영 : 스마트경로당의 기능과 프로그램은 어르신들의 요구 사항을 반영하여 개발되어야 한다. 이를 위해 어르신들을 대상으로 설문 조사와 인터뷰 등을 실시하여 요구 사항을 파악해야 한다.

- 편리한 시설 : 스마트 기기, 무선 인터넷, 휠체어 접근성 등 어르신들이 보다 편리하게 경로당을 이용할 수 있는 시설을 갖추고 있다.

- 편리한 서비스 : 식사 배달, 청소, 간단한 의료 서비스 등 어르신들이 보다 편리하게 경로당을 이용할 수 있는 서비스를 제공한다.

- 비대면 상담 : 가정의학과 전문의, 한의사, 상담사 등 다양한 분야의 전문가와 어르신이 비대면으로 상담할 수 있는 프로그램을 운영한다.

- 온라인 상담 : 우울증, 치매, 인지 장애 등 다양한 주제의 온라인 상담 프로그램을 운영한다.

- 생활정보 제공 : 교통, 날씨, 생활비, 복지 서비스 등 어르신들의 생활에 필요한 정보를 제공하는 앱을 개발하고, 어르신들에게 배포한다.

- 교육 정보 제공 : 온라인 교육, 문화공연, 도서 대여 등 어르신들의 교육과 여가생활에 필요한 정보를 제공하는 웹사이트를 구축하고, 어르신들에게 안내한다.

제7장

스마트경로당
사업 분야

01 건강관리 기능

스마트경로당은 현대적인 기술을 활용하여 노인들의 건강을 관리하기 위한 서비스를 제공한다. 스마트경로당은 노인들에게 스마트 기기를 이용하여 다양한 기능으로 건강하고 행복한 노후생활을 지원한다. 다음은 스마트경로당에서 제공하는 건강관리 기능이다.

원격 건강 모니터링

스마트경로당의 원격 건강 모니터링은 웨어러블 기기, 카메라, 센서 등을 활용하여 노인의 건강 상태를 실시간으로 모니터링하고, 이상 징후가 발견되면 즉시 의료진에게 알리는 기능이다. 이를 통해 노인의 안전을 보호하고, 건강을 유지하는 데 기여한다. 다음은 원격 건강 모니터링에 활용되는 스마트 기기다.

- 웨어러블 기기 : 웨어러블 기기를 통해 노인의 심박수, 호흡수, 혈압, 체온 등을 측정한다.

- 카메라 : 카메라를 통해 노인의 이동 패턴, 행동 등을 관찰한다.

- 센서 : 센서를 통해 노인의 환경 정보를 수집한다.

- 빅데이터 분석 : 수집된 데이터를 빅데이터 분석 기술을 통해 분석하여 노인의 건강 상태를 파악한다.

원격 건강 모니터링

맞춤형 건강관리

스마트경로당의 맞춤형 건강관리는 노인의 건강 상태와 상황에 맞는 맞춤형 건강관리 서비스를 제공하는 기능이다. 이를 통해 노인의 건강을 보다 효과적으로 관리하고, 삶의 질을 향상시키는 데 기여한다. 다음은 맞춤형 건강관리 방법이다.

- 노인의 건강 상태 및 필요 사항 파악 : 노인의 건강 상태, 만성 질환 여부, 생활 패턴, 기호 등을 파악한다. 이를 통해 노인의 건강관리에 필요한 정보를 수집한다.

- 데이터 분석 및 의사 결정 : 수집된 정보를 분석하여 노인의 건강 상태와 필요 사항을 파악한다. 이를 바탕으로 맞춤형 건강관

리 서비스를 제공한다.

- 서비스 제공 : 노인의 건강 상태와 필요 사항에 맞는 맞춤형 건강관리 서비스를 제공한다. 예를 들어, 고혈압, 당뇨병 등 만성질환을 앓고 있는 노인에게는 혈압, 혈당 등을 정기적으로 측정하고, 관리 방법을 교육한다.

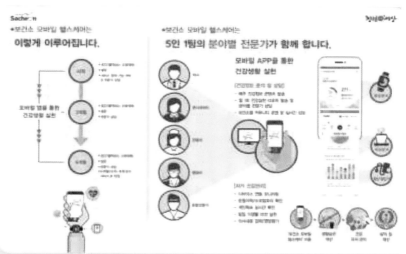

사천시보건소의 지역주민의 만성질환 예방·관리를 위한 모바일 헬스케어

재활 및 운동 관리

스마트경로당의 재활 및 운동 관리 기능은 노인의 건강을 유지하고, 삶의 질을 향상시키기 위한 기능이다. 이를 통해 노인의 신체 기능을 향상시키고, 부상을 예방할 수 있다. 다음은 재활 및 운동 관리에 활용되는 스마트 기기다.

- 웨어러블 기기 : 웨어러블 기기를 통해 노인의 운동량, 운동 강도, 운동 자세 등을 측정한다.

- 카메라 : 카메라를 통해 노인의 운동 과정을 관찰한다.

- 센서 : 센서를 통해 노인의 환경 정보를 수집한다.

- 빅데이터 분석 : 수집된 데이터를 빅데이터 분석 기술을 통해 분석하여 노인의 운동 상태를 파악한다.

재활 및 운동 관리

영양 관리

스마트경로당의 영양 관리 기능은 노인의 건강한 식생활을 지원하기 위한 기능이다. 이를 통해 노인의 영양 상태를 개선하고, 건강을 유지하는 데 기여한다. 다음은 스마트경로당에서 영양 관리를 하는 방법이다.

- 식단 관리 : 노인의 건강 상태와 필요에 맞는 식단을 제공한다.

- 영양 교육 : 노인에게 올바른 식습관을 교육한다.

- 영양 모니터링 : 노인의 영양 상태를 정기적으로 모니터링한다.

영양 관리

02 여가선용 기능

스마트경로당은 고령자들이 적극적으로 여가 활동을 즐길 수 있도록 지원하고, 그들의 삶의 질을 향상시키는 역할을 한다. 스마트경로당의 여가선용 기능은 다음과 같다.

- 영화 및 문화공연 : 영화, 문화공연 등 다양한 여가 프로그램을 제공한다. 이를 통해 어르신들이 다양한 분야의 지식을 습득하고, 문화생활을 즐길 수 있는 기회를 제공한다.

| 영화 감상 | 문화공연 감상 |

- 온라인 커뮤니티 : 온라인 커뮤니티를 통해 어르신들이 서로 소통하고, 관심사를 공유할 수 있는 공간을 제공한다.

온라인 커뮤니티

디지털 기반의 여가 활동

- 디지털 기반의 여가 활동 : 스마트경로당은 일반적으로 디지털 기기를 활용한 여가 활동을 지원한다. 이는 컴퓨터, 태블릿, 스마트폰 등의 기기를 이용한 온라인 게임, 영화 시청, 음악 감상 등 다양한 디지털 콘텐츠를 제공하며, 이를 통해 고령자들이 디지털 기기에 익숙해지는 것을 돕는다.

- 문화예술 활동 : 스마트경로당은 다양한 문화예술 활동을 지원한다. 이는 공연 관람, 도서 대출, 그림 그리기, 노래방 등 다양한 문화예술 콘텐츠를 제공하며, 이를 통해 고령자들의 문화생활을 풍요롭게 한다.

- 체육활동 : 스마트경로당은 보통 체육시설 또는 운동기구를 갖추고 있어, 고령자들이 체육활동을 즐길 수 있다. 이는 탁구, 볼링, 요가, 헬스 등 다양한 체육활동을 지원하며, 이를 통해 고령

자들의 건강을 유지하는 데 도움을 준다.

문화예술 활동

체육활동

- 원격 교류 및 소통 : 스마트 화상 플랫폼을 통해 다른 지역의 경
  로당과 연결하여 어르신들이 서로 교류하고 소통할 수 있는 기
  회를 제공한다. 이를 통해 어르신들이 사회로부터 고립되지 않
  고, 활발한 사회 활동을 할 수 있도록 지원한다.

스마트 기기를 이용한 여가 선용

03 돌봄 기능

　스마트경로당은 고령자들의 안전하고 편리한 생활 지원을 위해 다양한 돌봄 서비스를 제공한다. 스마트경로당의 돌봄 서비스 제공 기능은 다음과 같다.

- 안전관리 : 스마트 센서를 통해 어르신들의 움직임을 감지하고, 이상 징후가 발견되면 보호자에게 알림을 보내는 등 어르신들의 안전을 지키기 위한 시스템을 갖추고 있다.

안전관리

일상생활 지원

- 일상생활 지원 : 맞춤형 돌봄 서비스를 제공하여 어르신들이 일상생활을 안전하고 편안하게 영위할 수 있도록 지원한다.

- 비상 상황 대응 : 스마트경로당은 비상 상황 발생 시 신속하게 대처할 수 있는 시스템을 갖출 수 있다. 예를 들어, 낙상 감지 센서, 비상 호출 버튼, CCTV 등을 통해 고령자들의 안전을 지키는 데 도움을 준다.

비상 상황 대응

04 운동 기능

스마트경로당은 고령자들의 건강 유지와 향상을 위해 다양한 운동 기능을 제공한다. 스마트경로당의 운동 기능은 다음과 같다.

- 운동 추적 : 스마트 기기는 걸음 수, 이동 거리, 소모 칼로리 등을 추적할 수 있다. GPS를 통해 이동 경로를 기록하고, 가속도계나 자이로스코프를 사용하여 운동 패턴을 분석할 수도 있다.

운동 추적   심박 측정

- 심박 측정 : 일부 스마트 기기는 심박수를 실시간으로 측정하고 기록할 수 있다. 이는 운동 중 심박 존을 파악하거나 심박수를 통해 운동의 강도와 효과를 추적하는 데 도움이 된다.

- 운동 프로그램 : 어떤 운동을 시작하고 어떻게 진행해야 하는지에 대한 정보를 제공하는 앱이나 기능이 있다. 사용자의 목표와 능력 수준에 맞는 운동 프로그램을 제공하고, 운동 동작의 올바른 기술을 가르쳐줄 수도 있다.

운동 프로그램   VR을 활용한 운동

- VR을 활용한 실내 운동 : 스마트 헬스 기기를 활용한 근력 운동, 유산소 운동, 인지 기능 향상 운동 등의 프로그램을 제공한다.

- VR을 활용한 외부 운동 : 스마트 웨어러블 기기를 활용한 산책, 등산, 걷기 등의 프로그램을 제공한다.

05 교육 기능

스마트 기기는 다양한 교육 기능을 제공할 수 있다. 이러한 기능은 사용자가 새로운 지식을 습득하거나 기존 지식을 강화하는 데 도움이 된다. 스마트경로당의 교육 기능은 다음과 같다.

- 온라인 강의 및 코스 : 스마트 기기를 통해 온라인 강의 플랫폼에 접속하여 다양한 주제의 강의나 코스를 수강할 수 있다. 이러한 플랫폼은 영어, 프로그래밍, 디자인, 마케팅 등 다양한 분야에 대한 수업을 제공한다.

온라인 강의 및 코스   언어 학습

- 언어 학습 : 다양한 언어 학습 앱을 통해 새로운 언어를 배우고 기존 언어 실력을 향상시킬 수 있다. 이러한 앱은 단어장, 문법 규칙, 발음 연습 등을 제공하여 효과적인 학습을 도와준다.

- 전자책 및 오디오북 : 스마트 기기를 통해 전자책을 읽거나 오디오북을 청취할 수 있다. 이를 통해 언제 어디서나 책을 읽거나 듣는 습관을 형성하고 지식을 습득할 수 있다.

전자책 및 오디오북   평가 및 피드백

- 인터랙티브 학습 앱 : 수학, 과학, 역사 등의 학문적인 주제에 대한 인터랙티브 학습 앱을 통해 개념을 이해하고 기억할 수 있다. 이러한 앱은 게임 형식으로 제공되어 사용자의 흥미를 유발하고 학습 동기를 높인다.

- 평가 및 피드백 : 스마트 기기를 통해 학습한 내용에 대한 평가를 받고 피드백을 받을 수 있다. 이를 통해 학습한 내용을 평가하고 개선할 수 있는 기회를 제공한다.

- 가상현실 및 증강현실 : 일부 스마트 기기는 가상현실(VR)이나 증강현실(AR)을 통해 현실감 있는 학습 경험을 제공한다. 이를 통해 사용자는 시뮬레이션을 통해 실제 상황을 체험하고 학습할 수 있다.

가상현실 및 증강현실   가상현실 체험

06 사회적 교류 기능

　스마트경로당이 사회적 교류를 촉진하는 데 기여하는 몇 가지 방법이 있다. 이러한 시설은 어르신들이 모여 활동하고 소통할 수 있는 장소이며, 스마트 기술을 통해 이러한 교류를 더욱 활성화시킬 수 있다. 스마트 경로당의 사회적 교류 기능은 다음과 같다.

- 온라인 커뮤니티 플랫폼 : 스마트경로당은 온라인 커뮤니티 플랫폼을 통해 회원들끼리 소통하고 정보를 공유할 수 있다. 회원들은 각자의 관심사나 활동에 대한 정보를 공유하고 함께 활동을 조직할 수 있다.

온라인 커뮤니티 플랫폼　　　　　　온라인 그룹 활동

- 온라인 그룹 활동 : 스마트경로당은 온라인 그룹 활동을 조직하여 회원들끼리 함께 관심사나 취미를 공유하고 함께 활동할 수 있다. 이를 통해 회원들은 사회적으로 연결되어 있음을 느끼고 교류를 증진할 수 있다.

- 디지털 게시판 및 이벤트 공지 : 스마트경로당은 디지털 게시판이나 앱을 통해 다가오는 이벤트나 활동에 대한 정보를 제공할 수 있다. 회원들은 이를 통해 관심 있는 활동에 참여하고 다른 회원들과의 교류를 증진할 수 있다.

- 디지털 스토리텔링 및 기록 : 스마트경로당은 회원들의 이야기를 기록하고 디지털 스토리텔링을 통해 공유할 수 있다. 회원들은 자신의 경험을 공유하고 다른 회원들과 소통하는 기회를 갖게 된다.

- 온라인 강의 및 워크샵 : 스마트경로당은 온라인 강의나 워크샵을 통해 회원들이 새로운 지식을 습득하고 함께 공유할 수 있는 기회를 제공할 수 있다. 이를 통해 회원들은 서로에게서 배우고 함께 성장할 수 있다.

디지털 스토리텔링 기록

온라인 강의 수강

07 정보제공 기능

스마트경로당은 회원들에게 다양한 정보를 제공하여 그들의 삶의 질을 향상시키고 더 나은 생활을 돕는 역할을 한다. 스마트경로당의 정보제공 기능은 다음과 같다.

- 프로그램 및 이벤트 정보 : 스마트경로당은 다가오는 프로그램, 이벤트, 워크샵, 세미나 등에 대한 정보를 제공한다. 회원들은 스마트 기기나 디지털 디스플레이를 통해 이러한 활동에 참여하고 일정을 확인할 수 있다.

프로그램 및 이벤트 정보

건강 정보

- 건강 정보 : 스마트경로당은 건강 관련 정보를 제공하여 회원들이 건강한 삶을 유지할 수 있도록 돕는다. 예를 들어, 영양 정보, 운동 권장 사항, 건강 검진 프로그램 등의 정보를 제공할 수 있다.

- 사회 복지 서비스 정보 : 스마트경로당은 사회 복지 서비스에 관한 정보를 제공한다. 이는 재정 정보, 복지 정보, 평생교육 정보, 법률 정보, 상담 정보 등을 포함할 수 있다.

사회 복지 서비스 정보   긴급 상황 및 안전 정보

- 긴급 상황 및 안전 정보 : 스마트경로당은 회원들에게 긴급 상황 발생 시 대처 방법 및 안전 정보를 제공한다. 예를 들어, 재난 대피 정보, 응급 연락처, 안전한 걷기 및 운전 팁 등을 제공할 수 있다.

- 시설 정보 : 스마트경로당은 지역 내의 다양한 커뮤니티 자원과 시설에 대한 정보를 제공한다. 이는 스마트경로당, 병원, 도서관,

문화 관련 시설, 복지 관련 시설, 교통정보 등을 포함할 수 있다.

- 여가 정보 : 온라인 교육 정보, 문화공연 정보, 여행 정보, 운동 정보, 평생교육 정보, 도서 대여 등 어르신들의 교육과 여가생활에 필요한 정보를 제공한다.

- 생활정보 : 교통, 날씨, 생활비, 복지 서비스 등 어르신들의 생활에 필요한 정보를 제공한다.

여가 정보

생활 정보

08 상담 기능

스마트경로당은 회원들에게 인공지능(AI)을 통하여 다양한 상담 서비스를 제공하여 심리적, 사회적, 건강적으로 지원하는 역할을 한다. 스마트경로당의 상담 기능은 다음과 같다.

- 심리적 지원 : 스마트경로당은 회원들에게 정서적 지원을 제공하기 위해 심리 상담 서비스를 제공한다. 이는 스트레스 관리, 우울증, 노인 우울증, 노인 학대 등의 문제에 대한 상담을 포함할 수 있다.

- 사회적 지원 : 스마트경로당은 회원들이 사회적 관계를 형성하고 유지할 수 있도록 돕기 위해 사회적 상담 서비스를 제공한다. 이는 고독감, 사회적 고립, 가족 문제 등에 대한 상담을 포함할 수 있다.

- 건강관리 : 스마트경로당은 회원들의 건강과 관련된 문제에 대한 상담 서비스를 제공한다. 이는 질병 예방, 건강한 식습관, 운동 권장 사항, 약물 복용 안내 등을 포함할 수 있다.

- 재정 및 법률 상담 : 스마트경로당은 회원들이 재정 및 법률 문

제에 대한 도움을 받을 수 있도록 상담 서비스를 제공한다. 이는 재정 관리, 연금 및 보험 문제, 법률 상담 등을 포함할 수 있다.

- 가족 문제 해결 : 스마트경로당은 회원들이 가족 문제를 해결하고 가정 환경을 개선할 수 있도록 상담 서비스를 제공한다. 이는 가족 간 갈등 해결, 부부 문제, 자녀 교육 등을 포함할 수 있다.

인공지능을 활용한 상담

09 치매 예방 기능

스마트경로당은 치매 예방을 위한 다양한 콘텐츠를 제공하여 치매를 예방할 수 있다. 또한 스마트 기기를 이용한 치매 예방 교육, 치매 증상 테스트, 치매 예방 운동 등 다양한 프로그램을 통해 어르신들의 인지 기능을 향상시키고, 치매 발병을 예방하는 데 도움을 준다.

스마트 기기를 활용하여 인지능력을 향상시키고 뇌 활동을 촉진함으로써 치매의 발병을 늦추거나 예방하는 데 도움이 된다. 스마트경로당의 치매예방 기능은 다음과 같다.

- 뇌 훈련 앱 : 스마트폰 또는 태블릿을 사용하여 뇌 훈련 앱을 활용할 수 있다. 이러한 앱은 다양한 인지능력을 향상시키는 작업 및 게임을 제공하여 기억력, 집중력, 문제 해결 능력 등을 향상시키는 데 도움을 준다. 이러한 훈련은 뇌를 활성화시켜 치매 예방에 도움이 된다.

- 기억 보조 도구 : 스마트 기기를 사용하여 일정, 약물 복용 시간, 중요한 일들을 기억시키는 알람 앱을 활용할 수 있다. 이는 치매 환자나 치매 예방을 위해 노력하는 사람들에게 특히 유용하다.

뇌 훈련 앱   기억 보조 도구

- 가상현실(VR) 치료 : 가상현실 기술을 사용하여 인지 기능을 향상시키는 프로그램을 개발하여 치매 발병을 예방한다.

- 인지 활동 강화 : 인지 활동을 강화하여 노인의 인지 기능을 향상시킨다. 퍼즐, 게임, 음악, 미술 등 다양한 인지 활동 프로그램을 제공한다.

가상현실(VR) 치료   인지 활동 강화

제8장

스마트빌리지 사업 제안서 작성 방법

01 스마트빌리지 사업 제안서 작성 방법

스마트빌리지 사업에 선정되기 위해서는 먼저 제안서를 작성해서 제출하게 되면 제안서를 바탕으로 평가가 이루어진다. 스마트빌리지 사업 제안서는 스마트빌리지 사업을 신청하기 위해 작성하는 문서이다. 따라서 제안서에는 사업의 목표와 내용, 사업 계획, 사업 예산, 사업 추진 일정, 사업 효과 측정 지표 등이 포함되어야 한다.

스마트빌리지 사업 제안서는 다음과 같은 순서로 작성해야 한다.

- 사업 목표 및 내용 : 사업의 목표와 내용을 구체적으로 설명한다.

- 사업 계획 : 사업 계획을 구체적으로 설명한다.

- 사업 예산 : 사업 예산을 구체적으로 설명한다.

- 사업 추진 일정 : 사업 추진 일정을 구체적으로 설명한다.

- 사업 효과 측정 지표 : 사업 효과 측정 지표를 구체적으로 설명한다.

- 결론 : 사업의 중요성과 성공 가능성을 강조한다.

02 사업 목표 설정

스마트빌리지 사업의 목표는 지능정보기술을 활용하여 주민의 삶의
질을 향상시키고, 지역 문제를 해결하는 것이다. 이를 위해 다음과 같은
사업 목표를 설정해야 한다.

사업 목표 설정

- 사업의 목표는 주민 삶의 질 향상을 위하여 안전, 편의, 건강,
  문화, 교육, 복지 등 다양한 분야의 목표를 설정할 수 있으며,
  교통, 환경, 에너지, 도시재생 등 지역의 문제를 해결하는 것을
  목표로 해야 한다.
- 구체적인 사업 목표는 지역의 특성을 반영하여 설정해야 한다.
  예를 들어, 도심 지역은 교통, 환경, 에너지 등의 문제가, 농어촌
  지역은 고령화, 인구 감소 등의 문제가 있을 수 있다.
- 주민의 요구를 반영한 사업 목표를 설정해야 한다. 따라서 주민
  의 의견을 수렴하여 사업 목표에 반영하는 것이 중요하다. 예를
  들어, 경로당의 경우, 어르신들이 가장 필요로 하는 사업은 무

엇인지 조사하여, 이를 바탕으로 사업을 추진할 수 있다.

- 사업 내용의 유형별 특성을 고려하여, 적합한 사업 목표를 수립 해야 한다. 예를 들어, 경로당의 경우, 어르신들의 건강관리, 여가 활동 등을 지원하는 사업을 추진할 수 있고, 어린이집의 경우, 어린이들의 안전과 교육 등을 지원하는 사업을 추진할 수 있다.

- 사업의 목표와 내용은 명확하고, 실현 가능해야 한다. 또한, 사업의 효과와 파급력이 높아야 한다.

사업 목표 설정 방법

사업의 목표는 다음과 같은 방식으로 설정할 수 있다.

- 현황 분석 : 지역의 현황을 분석하여 지역의 문제점을 파악하고, 이를 해결하기 위한 목표를 설정한다.

- 주민 의견 수렴 : 주민의 의견을 수렴하여 주민의 요구를 반영한 목표를 설정한다.

- 전문가 의견 수렴 : 전문가의 의견을 수렴하여 사업의 효과와 파급력을 고려한 목표를 설정한다.

사업의 목표는 사업을 성공적으로 추진하기 위한 중요한 기준이다. 사업의 목표를 명확하게 설정하고, 이를 달성하기 위한 노력을 기울여야 한다.

03 사업 내용 선정

　스마트빌리지 사업의 내용은 지역의 특성과 주민의 요구를 반영하여 다양하게 설정할 수 있다. 과기부와 한국지능정보사회진흥원에서 제공한 우수사례를 보면, 자율트랙터, 드론, 지능형 영상정보처리 등의 기술이 활용되고 있다. 사업 내용을 보면 갯벌자원 관리, 농업방제, 쓰레기 불법투기 방지, 스마트 주차관리, 비대면 여가·복지 서비스 등 지역 특성을 살린 과제를 진행하고 있다.

　마트빌리지 사업 지원유형은 농어촌 소득 증대, 생활 편의 개선 지원, 생활 속 안전강화, 주민 생활 시설 스마트화 지원 등 4가지 분야가 있기이 안에서 내용들이 포함되어야 한다.

04 사업 추진 일정

　스마트빌리지 사업 추진 일정은 사업의 규모와 내용에 따라 달라질 수 있다. 2024년 스마트빌리지 사업의 경우, 사업 준비 기간은 2024년 1월부터 3월까지, 사업 착수 기간은 2024년 4월부터 6월까지, 사업 운영 기간은 2024년 7월부터 2027년 6월까지로 예정되어 있다. 일반적으로 스마트빌리지 사업은 다음과 같은 일정으로 추진된다.

1단계 : 사업 준비(2~3개월)

- 사업의 목표와 내용 설정
- 사업 계획 수립
- 예산 확보
- 인력 확보
- 주민 의견 수렴

2단계 : 사업 착수(2~3개월)

- 스마트 인프라 구축

- 서비스 개발 및 구축
- 주민 교육

3단계 : 사업 운영(2~3년)
- 서비스 운영 및 유지보수
- 주민 참여 확대
- 사업 효과 평가

스마트빌리지 사업의 일정을 세울 때는 다음과 같은 사항을 고려해야 한다.

- 사업의 규모와 내용 : 사업의 규모와 내용이 클수록, 사업 준비 기간과 사업 운영 기간이 길어진다.

- 사업의 추진 방식 : 사업을 신규로 추진하는 경우, 사업 준비 기간이 길어진다. 기존 사업을 확대하는 경우, 사업 준비 기간이 짧아진다.

- 지역의 특성 : 지역의 특성에 따라, 사업 준비 기간과 사업 운영 기간이 달라질 수 있다.

- 스마트빌리지 사업의 일정은 사업을 성공적으로 추진하기 위한 중요한 요소이다. 사업의 규모와 내용, 추진 방식, 지역의 특성 등을 고려하여 적절한 일정을 설정해야 한다.

05 예산 편성

스마트빌리지 사업의 예산은 사업을 성공적으로 추진하기 위한 중요한 요소이다. 사업의 목표와 내용, 일정, 추진 방식, 지역의 특성 등을 고려하여 적절한 예산을 편성해야 한다.

- 시·도는 일관성 있고 효율적인 사업관리를 위해 전담 부서(미래산업과, 스마트시티과, 정보통신과 등)를 지정해 사업을 추진해야 한다. 이 사업은 주민의 생업·생활과 관련된 모든 부서에서 신청 가능하므로 전담 부서 또는 예산 부서에서는 조직 내 전 부서에 안내·공지하는 것이 좋다.

- 시·도가 판단하여 예산을 편성하는 사업이므로 전담 사업부서는 예산 규모 등에 대해 예산 부서와 사전 협의를 진행해야 한다.

- 전담 부서는 시·군·구로부터 수행계획서를 취합하여 전문기관에 제출해야 한다.

- 전문기관은 제출된 수행계획서를 평가하여 적격 여부 판단 및 우선순위를 정하여 시·도로 회신한다. 이때 시·도가 신청한 수행계획서도 시·군·구가 제출한 수행계획서와 같은 그룹에 포함되어

동등하게 평가된다.

- 시·도는 과기정통부의 차년도 예산 사전 통보(9월, 가확정액)에 근거하여 차년도 스마트빌리지 사업 계획(사업 규모 및 대상 과제)을 가확정한다.

스마트빌리지 사업의 예산 편성을 위한 구체적인 방법은 다음과 같다.

1단계 : 사업 계획의 수립

사업 계획을 수립하기 위해서는 사업의 목표와 내용, 일정, 추진 방식, 지역의 특성 등을 고려해야 한다. 사업 계획을 수립한 후, 사업에 필요한 재원을 산정하기 위한 기초자료로 활용한다.

2단계 : 재원의 산정

사업 계획을 바탕으로 사업에 필요한 재원을 산정한다. 재원은 다음과 같은 방식으로 산정할 수 있다.

- 비용 추정 : 사업에 필요한 재원을 직접 계산하여 추정하는 방법이다. 예를 들어, ICT 인프라 구축에 필요한 재원은 장비 구입 비용, 설치 비용, 인건비 등을 고려하여 산정할 수 있다.

- 비용 상향식 편성 : 사업의 목표와 내용을 달성하기 위해 필요한 재원을 상향식으로 추정하는 방법이다. 예를 들어, ICT 인프라 구축에 필요한 재원은 장비 구입 비용, 설치 비용, 인건비 등을

고려하여 최소 비용보다 20% 정도 상향하여 추정할 수 있다.

- 비용 하향식 편성 : 사업의 목표와 내용을 달성할 수 있는 범위 내에서 재원을 하향식으로 추정하는 방법이다. 예를 들어, ICT 인프라 구축에 필요한 재원은 장비 구입 비용, 설치 비용, 인건비 등을 고려하여 최소 비용보다 10% 정도 하향하여 추정할 수 있다.

3단계 : 예산의 검토 및 조정

산정된 예산을 검토하여 적절한지 여부를 판단한다. 예산이 부족한 경우, 사업의 규모나 내용을 조정하거나, 재원을 확보하기 위한 방안을 마련한다.

4단계 : 예산의 승인

검토 및 조정된 예산을 승인받아 확정한다. 예산은 사업을 추진하기 위한 근거가 되므로, 적절하게 승인받아야 한다.

06 인력 조직 계획

인력 조직 계획은 사업의 목표와 내용을 달성하기 위해 필요한 인력을 적절하게 배치하고 운영하는 과정이다. 인력 계획을 위해서는 다음과 같은 사항을 고려해야 한다.

- 사업의 목표와 내용 : 사업의 목표와 내용을 달성하기 위해서는 어떤 인력이 필요한지 파악해야 한다.

- 사업의 일정 : 사업의 일정에 따라 인력이 필요할 때를 고려해야 한다.

- 사업의 추진 방식 : 사업을 신규로 추진하는 경우, 기존 사업을 확대하는 경우 등 사업의 추진 방식에 따라 인력이 달라질 수 있다.

- 지역의 특성 : 지역의 특성에 따라 인력이 달라질 수 있다.

스마트빌리지 사업의 인력 조직
- 사업 총괄 관리자 : 사업의 전반적인 관리를 담당한다.
- ICT 인프라 구축 담당자 : ICT 인프라 구축을 담당한다.

- 서비스 개발 및 구축 담당자 : 서비스 개발 및 구축을 담당한다.
- 주민 교육 담당자 : 주민 교육을 담당한다.
- 운영 및 유지보수 담당자 : 서비스 운영 및 유지보수를 담당한다.

스마트빌리지 사업의 인력 조직 계획

스마트빌리지 사업의 인력 조직 계획을 위해서는 다음과 같은 방법을 사용할 수 있다.

- 인력 수요의 추정 : 사업에 필요한 인력을 직접 계산하여 추정하는 방법이다.

- 인력 상향식 편성 : 사업의 목표와 내용을 달성하기 위해 필요한 인력을 상향식으로 추정하는 방법이다.

- 인력 하향식 편성 : 사업의 목표와 내용을 달성할 수 있는 범위 내에서 인력을 하향식으로 추정하는 방법이다.

스마트빌리지 사업의 인력 계획은 사업을 성공적으로 추진하기 위한 중요한 요소이다. 사업의 목표와 내용, 일정, 추진 방식, 지역의 특성 등을 고려하여 적절한 인력 계획을 수립해야 한다.

07 사업 효과 측정 지표

사업 효과 측정 지표는 사업의 성공 여부를 평가하기 위해 설정하는 지표이다. 따라서 사업 효과 측정 지표는 구체적이고, 측정 가능한 것으로 설정해야 한다.

사업의 효과 측정 지표

주민 삶의 질 향상에 관련하여 주민의 안전, 편의, 건강, 문화, 교육, 복지 등 다양한 분야에서 주민의 삶의 질이 향상되었는지를 측정할 수 있어야 한다. 또한 교통, 환경, 에너지, 도시재생 등 지역의 문제가 얼마나 해결되었는지 측정할 수 있는 지표를 만들어야 한다.

구체적인 지표는 다음과 같은 것들이 있다.

- 주민의 안전 : 교통사고 발생률, 범죄 발생률, 자연재해 피해 감소율

- 주민의 편의 : 주차난 해소율, 교통량 감소율, 생활 편의 시설 이용률 증가율

- 주민의 건강 : 건강검진 수검률, 만성질환 발생률 감소율

- 주민의 문화 생활 : 문화 시설 이용률 증가율, 문화 활동 참여율 증가율

- 주민의 교육 기회 : 학업 성취도 향상률, 평생교육 참여율 증가율

- 주민의 복지 수준 : 복지 수혜자 비율 감소율, 복지 만족도 향상률

사업의 효과 측정 지표 설정 시 고려 사항

스마트빌리지 사업의 효과 측정 지표를 설정할 때는 다음과 같은 사항을 고려해야 한다.

- 사업의 목표와 내용 : 사업의 목표와 내용을 달성하기 위한 지표를 설정해야 한다.

- 지역의 특성 : 지역의 특성을 고려하여 적절한 지표를 설정해야 한다.

- 지표의 측정 가능성 : 지표가 구체적이고, 측정 가능한 것으로 설정해야 한다.

사업 효과 측정 지표는 사업을 성공적으로 추진하기 위한 중요한 요소이다. 사업의 목표와 내용, 지역의 특성 등을 고려하여 적절한 지표를 설정하고, 이를 바탕으로 사업의 효과를 평가해야 한다.

08 결론

스마트빌리지 사업제안서의 결론은 사업의 목표와 내용, 일정, 추진 방식, 예산, 인력 계획, 사업 효과 측정 지표 등을 요약하고, 사업의 필요 성과 효과를 강조하는 역할을 한다.

스마트빌리지 사업제안서의 결론을 작성할 때는 다음과 같은 사항을 고려해야 한다.

- 사업의 목표와 내용 요약 : 결론에서는 사업의 목표와 내용을 간 략하게 요약해야 한다. 사업의 목표와 내용을 요약할 때는 사업 의 주제와 관련된 내용을 중심으로 요약해야 한다.

- 사업의 필요성 강조 : 결론에서는 사업의 필요성을 강조하여 사 업의 중요성을 부각해야 한다. 사업의 필요성을 강조할 때는 사 업을 추진해야 하는 이유를 구체적인 예시를 제시하여 설명할 수 있다.

- 사업의 효과 강조 : 결론에서는 사업의 효과를 강조하여 사업의 성 공 가능성을 높이도록 해야 한다. 사업의 효과를 강조할 때는 사업 을 통해 얻을 수 있는 기대효과를 구체적으로 제시할 수 있다.

09 사업 계획 수립 시 고려 사항

- 대도시의 경우 지역 격차 해소라는 스마트빌리지 사업의 취지에 맞게 취약지역 또는 취약계층 등을 고려한 사업을 우선하도록 한다.

- 선도 서비스의 경우 주민의 실제 수요를 반영한 현장 지향성 서비스를 우선 평가하기 때문에 사업 추진 근거 확보를 위한 주민 설문 등의 주민 수요 조사를 실시할 필요가 있다.

- 사업 종료(구축) 후 최소 3년간 별도의 예산 등을 확보하여 의무적으로 서비스를 운영해야 하며, 전문기관에 매년 활용 실적을 제출해야 한다.

- 시도의 경우는 일관성 있고, 효율적인 사업관리를 위해 전담 부서를 지정해 사업을 추진해야 한다.

- 소규모 사업은 단년 사업으로 추진하고 포괄 보조 한도(선도개발 10억 원, 보급확산 사업 100억 원) 이상의 대규모 사업은 다년 사업으로 예산을 편성해야 한다. 2년 이상 5년 이내의 사업 기간으로 제출 가능하며, 이 경우 수행계획서에 기재된 다년 계획 전

체를 평가받고, 선정 시 다년 사업으로 확정된다.

- 타 사업과의 복합연계를 추진 장려하고 있다. 농림부, 해수부, 행안부 등 사업과 연계 고도화하는 서비스 발굴 사업지역을 우대한다.

- 전문기관인 NIA에서는 스마트빌리지 매칭 플랫폼을 통해 솔루션 기업을 찾는 지자체와 기업을 매칭 지원하고 있다.

10 사업단계

사업 기획 단계

- 자치단체는 주민수요와 지역 현안에 근거하여 해결대상 과제를 선정하고, 활용 가능한 ICT 기술을 모색하여 사업을 발굴한다.

- 특히 주민 의견 수렴 등을 포함한 사업 과정 전반에 걸쳐 주민 참여 방안을 수립한다. 균특회계 전환에 따라 2월 말까지 사업수 행계획서를 작성하여 제출해야 한다.

확정 단계

- 전문기관은 수행계획서를 검토하고 질의응답을 통해 발표평가를 진행한다. 평가 결과는 A, B, C, 부적격 등급으로 산출하고, 각 시도는 과제별로 평가된 등급의 우선순위를 기준으로 사업을 배 정한다.

- 차년도 예산이 확정된 수행계획서는 NIA에서 세부 사항에 대해 컨설팅을 진행한다.

사업 추진단계

- 지자체는 과제 수행사업자를 용역 발주나 협약 등으로 선정하여 사업을 진행한다. 정기회의나 현장실사를 통해 사업을 관리하고, 전문적인 품질관리를 위해 별도의 감리 사업이나 용역사업을 진행할 수 있다.

- 사업종료 후에는 3개월 내에 실적보고서와 운영계획서를 주무부처에 제출하고, 최소 3년간 활용될 수 있도록 비용확보 방안 등을 제시해야 한다.

〈표 8-1〉 수업 수행 단계

사업 기획 단계	사업 확정 단계	사업 추진 단계
• 사업 주제 선정 • 보급 품목 또는 기술 검토 • 수행 계획서 작성 • 수행계획 평가	• 차년도 예산 확정 • 수행 계획 컨설팅 보완	• 사업자 선정 • 사업 주진 • 성과 보고

출처 : 과학기술정보통신부(2023). 향후 스마트빌리지 서비스 확산 방안

부록

01 2024년 스마트빌리지 사업

2024년 스마트빌리지 사업 : 17개 광역, 99개 지자체

연번	시도	시군구	담당부서	과제명	국비(백만원)
1	강원	태백시	안전과	스마트경로당 구축 ☆	1,785
	강원	홍천군	행정과	데이터와 콘텐츠로 세대를 잇는 스마트경로당 ☆	1,087
	강원	정선군	총무행정관실	스마트 CCTV 활용 스마트 공유주차장 및 생활 밀착 복지 기반 구축	800
	강원	횡성군	정보통신팀	이동 약자 종합 교통안전 서비스	800
	강원	강릉시	정보통신과	스마트 농촌으로 진화하는 보편적 강릉형 스마트빌리지	800
2	경기	성남시	스마트도시과	로봇 활용 주민 생활 시설 돌봄 및 교육 서비스 확산 사업	2,928
	경기	파주시	버스정책과	농촌이동 활성화를 위한 AI 기반 수요 응답 버스 확산	1,298
	경기	동두천시	공보전산과	동두천 행복 키움터	1,072
	경기	안양시	스마트도시정보과	디지털트윈 기반 스마트 인공지능 노약자 안심 서비스	800
	경기	광명시	정보통신과	다함께 광명, 다함께 스마트경로당 구축 ☆	1,281
	경기	연천군	사회복지과	다함께 미래로 연천 스마트경로당 ☆	1,344
	경남	거제시	정보통신과	건강 100세 스마트경로당 구축 사업 ☆	1,106
	경남	함안군	행정과	스마트 행복 동행 경로당 구축 사업 ☆	694
	경남	남해군	행정과	스마트경로당 시스템 구축 사업 ☆	826
	경남	함양군	행정과	VR기반 오지마을 치매 안심케어 서비스	960

3	경남	의령군	행정과	매일매일 가고 싶은 스마트 마실터 만들기 ☆	840
	경남	합천군	행정과	동네방네 스마트를 품은 경로당 ☆	1,057
	경남	사천시	정보통신과	스마트경로당 구축 사업 ☆	1,159
	경남	통영시	정보통신과	스마트 IOT 생활안전 서비스 구축	1,190
	경남	밀양시	공보전산담당관	IOT활용 스마트 헬스케어 복합 쉼터 구축	1,000
	경남	의령군	행정과	찾아오게 만드는 메타버스 의령	840
	경남	거창군	도시건축과	골목길 안심콜 설치 사업	560
4	경북	본청	메타버스혁신과	메타버스 어린이집 합동 수업	240
	경북	안동시	축산진흥과	인공지능 기반 비접촉 한우 발정 탐지시스템 보급 및 확산	500
	경북	안동시	투자유치과	안동 스마트 학습지원 서비스 구축	540
	경북	구미시	정보통신과	구미의 미래를 여는 스마트 지역아동센터	500
	경북	영천시	축산과	인공지능 기반 비접촉 한우 발정 탐시 시스템	250
	경북	경산시	사회복지과	스마트경로당 구축 ☆	250
	경북	영양군	자치행정과	시니어 디지털 공감 스마트경로당 구축 사업 ☆	500
	경북	고령군	지역경제과	맘편한 스마트 금천마을 조성	250
	경북	성주군	새마을교통과	스마트한 리사이클, 클린 성주	492
	경북	칠곡군	안전관리과	칠곡군 AI 범죄분석플랫폼 구축	500
	경북	경북	메타버스혁신과	경북형 메타버스 실버 시스템 구축	240
5	광주	동구	일자리경제과	동구 인문도시 온라인 기록관 메타버스 환경 조성	1,000
	광주	남구	경제정책과	남구 스마트한 지역아동센터 구축	488
	광주	북구	데이터정보과	AI 활용 어르신 몸 & 마음케어 플랫폼 구축 ☆	1,000
	광주	북구	산업단지원과	북구 드론-ICT 기반 산불관리 플랫폼 구축	696
6	대구	수성구	정보통신과	스마트 주차정보 시스템 구축	1,120
	대구	달서구	기획조정실	디지털 가족 체험 공간 플랫폼 구축	1,000
	대구	군위군	총무과	스마트 축산 악취 저감 체계 구축	1,000
	대전	대전	자연재난과	스마트 선별 관제시스템 구축	1,050

7	대전	동구	정책개발협력실	대청호 자연생태관 스마트화 사업	770
	대전	서구	자원순환과	찾아가는 스마트 자원순환 교육 서비스	300
	대전	유성구	교육과학과	공적 돌봄의 신화, 스마트 돌봄 체계 구축	1,192
8	부산	본청	공공교통정책과	오시리아 관광 단지 자율주행 셔틀 운송 서비스 구축	6,580
	부산	본청	창조교육과	부산 어린이 복합문화공간 스마트 디지털 사이니지 구축	1,015
	부산	본청	자치경찰위원회	교통사고 없는 스마트 횡단보도 조성	800
	부산	본청	정보화담당관	IoT 기반 스마트 신발을 적용한 사회적 약자 지원 서비스 사업	1,100
	부산	본청	미래기술혁신과	광역형 스마트시티 통합 플랫폼 구군 확대 구축	2,681
	부산	본청	해양수도정책과	해양 데이터 활용 현안 해결형 스마트 해양 서비스 개발	2,105
	부산	본청	농업기술센터	시설 하우스 일사량 감응 스마트 LED 시스템 구축	300
	부산	본청	첨단의료산업과	취약 계층 청소년 근골격계 질환 예방 및 맞춤형 건강관리	300
9	서울	관악구	스마트정보과	관악구 스마트경로당 조성 ☆	1,000
	서울	구로구	스마트도시과	구로구 스마트빌리지 조성	1,050
	서울	동대문구	스마트도시과	동대문구 스마트빌리지 조성	1,568
10	세종	본청	경제정책과	5G 특화망 기반 서비스 로봇 상용화 실증·확산 사업	1,000
	세종	본청	경제정책과	AI기반 디지털 헬스케어 서비스 실증사업	800
11	울산	본청	스마트도시과	스마트 보행 안전 기반 사업	1,000
12	인천	옹진군	노인복지담당	스마트경로당 구축 ☆	1,386
	인천	강화군	안전총괄과	보행자복합인지 기반 실종, 범죄, 안전사고 예방 환경구축	1,155
	인천	본청	스마트도시과	스마트빌리지 솔루션 보급 및 확산 사업	2,793
	인천	계양구	도시재생과	계산 삼거리 일원 스마트타운 조성	1,393
	인천	남동구	공원녹지과	원도심 스마트 휴게 공간 조성	630

인천	남동구	정보통신과	구월3동 스마트마을 조성	1,393
인천	본청	정보화담당관	AI 기반 다중 이용 시설 대피 유도 안내 시스템 보급·확산	2,793
인천	본청	도시디자인과	인천광역시 스마트 디자인 특구 개발	2,359
인천	미추홀구	스마트정책실	지속가능한 친환경 스마트 '수봉' 빌리지	1,393
인천	본청	노인정책과	인천형 스마트경로당 구축 ☆	2,590
인천	중구	도시계획과	율목 스마트 공원화 사업	1,050
인천	중구	건설과	친환경 스마트 도로 열선 시스템 구축	1,050
13	전남	본청	노인복지과	스마트기술 활용 취약지역 어르신 통합돌봄 플랫폼 구축	286
	전남	본청	자치경찰정책과	안전하고 스마트한 섬 만들기 프로젝트	500
	전남	목포시	정보통신과	목포시 스마트경로당 구축 ☆	131
	전남	담양군	가족행복과	담양 향촌복지 스마트 헬스케어 ☆	500
	전남	강진군	총무과	스마트 마을회관 구축사업 ☆	131
	전남	완도군	행정지원과	신성장산업 기반 청정바다수도 완도 구현	600
	전남	신안군	섬문화다양성TF	도서 지역 교통안전 스마트 시스템 구축	600
	전남	광양시	정보통신과	스마트경로당 구축 ☆	393
	전남	진도군	총무과	군민 편익 증진을 위한 소통 플랫폼 구축	560
14	전북	전주시	정보화정책과	전주시 스마트경로당 구축 ☆	1,120
	전북	무주군	사회복지과	무주군 스마트경로당 구축 ☆	656
	전북	익산시	도시전략사업과	자율주행 유상운송 스마트플랫폼 구축	2,355
	전북	남원시	홍보전산과	남원시 스마트경로당 구축 ☆	2,335
15	제주	제주시	생활환경과	스마트 재활용 도움 센터 및 AI 재활용품 회수보상기	1,000
	제주	제주시	정보화지원과	친환경 자동차 충전 소스 마트 관제 플랫폼 구축	861
	제주	서귀포시	안전총괄과	스마트 모빌리티 안전 솔루션 보급	744
	충남	부여군	전략사업과	머물고 싶은 일상 속 스마트빌리지 부여! 프로젝트	1,200

16	충남	아산시	시립도서관	시민이 즐거운 생활 속 스마트 라이브러리	300
	충남	보령시	경로장애인과	보령시 스마트경로당 조성 ☆	280
	충남	공주시	경로장애인과	공주시 스마트빌리지 경로강 건강! 행복! 플랫폼 ☆	1,050
	충남	당진시	경로장애인과	당진시 스마트경로당 구축 ☆	787
	충남	부여군	농업정책과	외국인 계절 근로자 관리 시스템	400
	충남	예산군	도시건축과	스마트 주차장 조성 및 온라인 전통시장 픽업스테이션 구축	2,450
	충남	논산시	관광과	지역주민과 소통, 힐링하는 실감형 테마거리 조성	2,226
	충남	홍성군	홍보전산담당관	스마트 버스정류장 및 횡단보도 구축	273
	충남	아산시	건설정책과	AI 기반 소류지 안전관리 시스템	300
17	충북	청주시	장애인복지과	VR·AR 기반 발달 장애인 디지털 재활 서비스 구축	665
	충북	제천시	정보통신과	농촌 중심지 활성화 지역 안전, 교통, 복지 분야 스마트 서비스 구축	840
	충북	괴산군	행정과	복지 시설의 실용성 중심 스마트 환경 구축 ☆	992
합 계					103,924

※ ☆은 스마트경로당 사업으로 26개(26.3%) 지자체가 시행하고 있음

출처 : 과학기술정통부 보도자료(2024)

02 스마트빌리지 관련 법적 근거

  스마트빌리지 사업은 「지능정보화기본법」 지능정화기본법 제14조
(공공지능정보화의 추진), 제15조(지역지능정보화의 추진), 제32조(선도
사업의 추진과 지원)와 국가균형발전특별법에 근거한다.

「지능정보화기본법」

제14조(공공지능정보화의 추진) ① 국가기관 등은 공공서비스의 지능
정보화를 도모하고 국민 편익 증진 등을 위하여 행정, 보건, 사회복지,
교육, 문화, 환경, 교통, 물류, 과학기술, 재난안전, 치안, 국방, 에너지
등 소관 업무에 대한 지능정보화(이하 "공공지능정보화"라 한다)를 추
진하여야 한다.
② 국가기관 등은 공공지능정보화를 효율적으로 추진하기 위하여 필요
한 방안을 마련하여야 한다.

제15조(지역지능정보화의 추진) ① 국가기관과 지방자치단체는 지역주
민의 삶의 질 향상, 주민의 역량 강화와 지역 간 균형발전, 정보격차
해소 등을 위하여 하나 또는 여러 개의 지역·도시에 대하여 행정·생

활·산업 등의 분야를 대상으로 하는 지능정보화(이하 "지역지능정보화"라 한다)를 추진할 수 있다.

③ 국가기관은 지방자치단체가 추진하는 지역지능정보화를 위하여 행정, 재정, 기술 등에 관하여 필요한 사항을 지원할 수 있다.

제32조(선도 사업의 추진과 지원) ① 정부는 사회 각 분야에 지능정보기술 및 지능정보서비스의 이용을 활성화하거나 지능정보기술과 다른 기술을 접목하기 위하여 선도적으로 시범 적용하는 사업(이하 "선도 사업"이라 한다)을 적극적으로 추진하여야 한다.

② 정부는 선도 사업이 효율적으로 추진될 수 있도록 행정적·재정적·기술적 지원 등 필요한 지원을 할 수 있다.

「국가균형발전특별법」

제11조(지역산업 육성 및 일자리 창출 등 지역경제 활성화 촉진) ④ 국가와 지방자치단체는 지역산업의 육성과 지역경제의 활성화를 위하여 다음 각 호의 사항에 관한 시책을 추진하여야 한다.

참고 문헌

과기부(2024년). 2024년도 과기부 사업설명서.

과기부(2024년). 스마트빌리지 보급 및 확산 사업 수행관리 지침.

과기부(2024년). 지역사회 디지털 전환과 균형발전을 위한 스마트빌리지 사업 추진 안내서.

과기부(2024년). 지역사회 디지털 전환과 균형발전을 위한 스마트빌리지 사업 우수 사례.

국정감사 정책자료집(2020). 「불법 폐기물 관련 자원순환 정책의 문제점 및 대안」.

김수린(2021). 「농촌 노인의 활동적 노화를 위한 노인 일자리 사업 개선과제」. 한국농촌경제연구원.

김용균 외(2022). 「농촌 빈집 정책의 문제점 및 개선안에 대한 연구」. 한국농촌건축학회논문집.

농촌진흥청(2016). 「농업기계 안전사고 사례 분석을 통한 위험도 평가」. 농촌진흥청.

한국해양수산개발원(2019). 「4차 산업혁명 시대의 스마트 어촌 구축 방안 연구」. 한국해양수산개발원.

한국해양수산개발원(2020). 「스마트 어촌으로 어촌 사회문제를 해결해 나가야」. 한국해양수산개발원.

한국보건사회연구원(2019). 「고독사 위험집단 데이터 분석 기반 예방 및 발굴 지원방안 연구」. 한국보건사회연구원.

저자 소개

염사일

저자는 서울과학기술대학교 전자공학과를 졸업하였으며, 현대무벡스 주식회사에서는 부장으로 재직하면서 서울교통공사 유지보수 사업 수주와 관리, 농협하나로 e-SCM 유지보수, 관세청 인천세관 해상 특송 물류 자동화시스템 구축, 철도청 PSD(스크린도어) 통합관리 시스템 구축, 행안부 재난관리 자원 통합관리시스템 구축, 육군 종합정비창 Smart Factory 설계, 공군 82정비창 Smart Factory 설계를 하였다.

에스넷시스템 주식회사에서는 수석부장으로 재직하면서 지능형 네트워크 고도화, 철도공단 역사용 통신장비 구매, 대법원 사법부 데이터센터 유지관리, 지역난방공사 유지보수 등을 진행하였다.

현재는 투비콤의 본부장으로 재직하면서 공공환경 SI, 자동화시스템, 첨단 그린시티, 스마트시티와 스마트빌리지 사업을 전담하고 있다. 특히 스마트경로당에 대한 미래 표준을 구축하는 연구를 진행하고 있다.

한경섭

저자는 해군사관학교 전자공학과를 졸업하고, 국방대학교에서 전자계산학과 석사, 충북대학교에서 컴퓨터공학과 박사를 취득하였다. 1983년부터 프로그래머로 시작하여 해군 군수사령부, 작전사령부, 합동참모본부 등에서 정보통신분야에 근무하였으며 해군대령으로 전역하였다.

해군 복무 기간 중 주요 활동으로 함정계획정비체계, 함정전술훈련장비, 워게임 모의훈련 개발에 참여하였으며, 1994년 신한국인으로 선발되었다.

전역 후에는 ㈜SKC&C에서 국방부 EA(Enterprise Architecture) 구축, 국토부 항공교통안전 ATFMS(Air Traffic Flow Management System) 구축, 육군 스마트훈련병 및 스마트부대 사업 등에 참여하여 PM 및 사업기획을 하였다. 현재는 (주)투비콤 SI사업본부에서 스마트빌리지 및 스마트노인정 사업에서 구축된 기반 체계의 운영이 지속적으로 활성화되도록 다양한 맞춤형 서비스 개발을 진행하고 있다.

주민의 행복을 위한

스마트빌리지와 스마트경로당

초판1쇄 인쇄 - 2024년 2월 20일

초판1쇄 발행 - 2024년 2월 20일

지은이 - 염사일·한경섭

펴낸이 - 박영희

출판사 - 새움아트

경기 파주시 문발로 214-12 1층

전화 1577-0930

e-mail - saewoomart@naver.com

등록번호 - 제406-2018-000048호

※ 잘못된 책은 바꾸어 드립니다.

※ 무단복제를 금합니다.

ISBN 979-11-967727-6-5(13560)

값 20,000